オーディオの作法

麻倉怜士

ソフトバンク新書　090

はじめに

本書は、〝初心者以上マニア未満〟の方々を対象とする、いわば「麻倉流実践的オーディオ入門書」です。基礎知識に始まって、製品の選び方、組み合わせ方、細かい音質向上テクニックなどを、できるかぎり具体的に紹介していこうと思います。

音楽好きのための実践的オーディオ入門書にしたいと思いますので、マニアックなスペック（性能）談義やウンチクにはなるべく立ち入らないようにします。専門用語が出てきたときは、「それがあなたにとって、どんな意味を持つのか」「どう対処すれば、より自分好みのサウンドが得られるのか」というレベルまで嚙みくだいて説明したいと思います。

もちろんオーディオの世界にもそれなりの決まりごと、いわゆる「作法」は存在します。それらを全部すっ飛ばし、いきなり本格的にオーディオ生活を営みたいといっても、少し無理がある。やはり押さえるべきツボは、きちんと押さえておく必要があります。

しかし、同時に、「作法」というのは日常の場で使いこなせてこそ生きるものでもあります。いかに複雑で高度なマナーに習熟しても、それが自分の身の丈に合っていなければ意味がありません。どこまでも実用的で、しかも人生のクオリティを大きく高めてくれる、生きた教養。そういう意味を込め、これからお伝えする内容を「オーディオの作法」と呼ぶことにしました。

さて、ひと口に音楽といっても、いろんなジャンルがあります。ひとまず本書では、クラシックとジャズ、そしてヴォーカルを中心に据えた広い意味でのポップスなどを念頭に置きたいと思います。思いきって「大人が心から愉しめる音楽」といってしまいましょうか。要するに、派手なサウンドエフェクトを駆使したヒット曲や若者向けのリズミックなダンスミュージックではなく、よりオーガニックでアコースティックな響きを大事にした音楽ということです。

いいオーディオは、素晴らしい音楽がこの世に生まれてきた、まさにその瞬間の〝空気の震え〟を追体験させてくれます。

たとえば、一流の指揮者がタクトを振り下ろし、それまで静寂に支配されていたコンサートホールが豊かなオーケストラの音色で満ちていく瞬間。あるいは、才能あるジャズシンガーがマイクロフォンに息を吹き込んで、無味乾燥なスタジオを甘く洒脱な空気で包んでしまう瞬間。そういった瞬間が、ありありと目の前に浮かんでくる。これぞオーディオの醍醐味です。

そういうアコースティックな想像力を刺激してくれるような音楽でさえあれば、分野は気にしなくてもよろしい。それが「ロック3大ギタリスト」の筆頭であるエリック・クラプトンが奏でるアンプラグド・ギターであっても、あるいは、かすかな憂いをたたえた山口百恵の歌謡曲であっても、いいでしょう。

オーディオの世界には、単体価格が数百万円もするような高級アンプやスピーカーがごろごろ存在します。ですから上を見はじめるとキリがない。それに、いかに極上の音響効果が得られても、現実に手を出せなければ意味はありません。話をどこまでも実践的に進めるため、ここでは「ボーナスを元手に購入プランを組める金額」の範囲で考えていきたいと思います。予算の範囲は、３点セット（ＣＤプレーヤー＋アンプ＋スピーカー）のトータルで30万円～１００万円としましょう。

最低額の「トータル30万円」というのは、入門コースです。本格的なオーディオマニアにすれば相当低めの金額ですが、なに、きっちり作法を踏まえさえすれば、十分に上質な音を手に入れられます。

クラシックでいうと、壮大なスケールの交響曲を朗々と響かせるには多少もの足りないかもしれませんが、規模が小さめの室内楽や歌曲などをじっくり聴くには十分なレベルです。少なくとも、市販の高級システムコンポと比較すれば、あなたの音楽観をガラリと変えてしまうくらいのポテンシャルを持ちうるものです。

これが上限の「トータル１００万円」となると、オーディオセットの守備範囲はがぜん広くなります。再びオーケストラに喩えるならば、低音にグッと厚みと緻密さが増し、音自体にスケール感が加わって、大規模なシンフォニーなどを再生しても迫力がまるで違ってきます。まさに作法次第で「どこに出しても恥ずかしくない自分の音」に仕上げることができるのです。

もちろん、まず「30万円コース」からスタートし、じっくり時間をかけてグレードアップさせていくという手順でもいいでしょう。その辺りはフレキシブルに考えてください。また、予算に合わせた購入プランの組み方（どのコンポーネント分野にどのくらいの金額を振り分けるべきか）についても、おいおい述べていきます。

オーディオの楽しみ方に「作法」はあっても「正解」は存在しません。仮に予算額が同じだとしても、あなたが聴きたい音楽や音の嗜好性によって、揃えるべき機器の顔ぶれはまったく違ってきます。いうなれば自分の好みを発見していくプロセスもまた、オーディオの醍醐味なのです。

また、オーディオというものは、買った直後からすぐに「いい音」で鳴るものではありません。「エージング」という慣らし運転の期間を経て、さらに細かい微調整を重ねることによって、だんだん音がこなれて、馴染んできます。それはヴァイオリンなどのアコースティック楽器にも通じる感覚です。年月をかけてじっくり付き合うことで、何ともいえない味わいが醸し出されてくるのです。

一足飛びに答えを求めないこと。限られた予算内で、もっとも自分らしいリスニング環境を仕上げていくプロセス自体を愉しむこと。まずはそれを軽く頭に入れた上で、さあ、深遠なるオーディオの世界に足を踏み出すことにいたしましょうか。

目次

第二章　スピーカーの作法

第三章　プレーヤーの作法

第四章　電源の作法

第五章　オーディオルームの作法

第六章　サラウンドの作法

序　章　オーディオとは

◎作法一――オーディオとは表現者の「想い」に迫るための道具と心得る

まずは、オーディオに対する私のスタンスをはっきり定義しておこうと思います。**何より大切なのは、表現者が音楽を生み出した、まさにその瞬間に居合わせたかのような感動を追体験することです。そのための重要な道具がオーディオであるというのが、以前からずっと変わらない私の考え方です。**

当たり前のことのように思えるかもしれませんが、この基本認識はとても重要です。後になって効いてきますので、もう少し詳しく述べておきましょう。

そもそも、音楽はどのようにして生まれてくるのか。こと近代音楽についていえば、出発点はまず「作曲者のイメージ（楽想）」にあります。作曲者が頭の中で想い描いた音の連なり（メロディ）や、重なり（ハーモニー）、さらには時間的区切り（リズム）などが、一定のルールに則って楽譜という形に書き留められる。フォルテやピアノといった表情記号も書かれる。それを見た演奏家・歌手たちが、自分なりの解釈を加えたうえで、物理的な音を紡ぎ出すわけです。

ジャズやポップスの場合、クラシックと違って作曲者と演奏者が同じ場合も多々あります。しかし、曲を作った側と演奏する側の想いが渾然一体となり、ひとつの表現としてリスナーの心を揺さぶるという構図はまったく変わりません。

素晴らしい生演奏に接したとき、私たちは知らず知らずのうち、そうした表現者たちの「想い」を全身で受け止めています。これこそ今も昔も変わらないもっともプリミティブな音楽体験であり、感動の原点といえるでしょう。

さて、話はちょっと遡りますが、19世紀後半に発明王トーマス・エジソンが〝音を記録する仕掛け〟を考案します。いわゆる「蓄音機」です。これによって、記憶の中にしか存在しえなかった「音楽が生まれる瞬間」を記録し、自由に再生することが可能になりました。その後、メディア（記録媒体）のテクノロジーが飛躍的に発展し、現在では家に居ながらにして、当たり前のようにさまざまな音楽を楽しめるようになっています。

マイクロフォンを通してレコーディングされた演奏や声は、ミキサーと呼ばれる音響技術者の手でバランスを調節され、マスターテープに記録されます。さらに、マスタリングという音質・音量レベル調整の工程を経て、ようやく市販のパッケージ・メディアとして世に送り出されます。生演奏しかなかった時代に比べて、表現者からリスナーの手元に届くまでのスパンがぐんと長くなりました。そこには当然、作曲家・演奏者だけでなく、さまざまなエンジニアたちの情熱も加わるようになりました。

ただし、どれだけプロセスが複雑になったとしても、その根っこの部分に表現者たちの「想い」があることには変わりがありません。これこそが感動の原点なのです。したがってオーディオというものは、彼らが意図した気持ちをできるだけストレートかつ忠実に表現できなければならないということが、よく分かりますね。

1枚のＣＤには、表現者たちの「想い」が詰まっています。リスニング環境でそれをリアルに再現できたとき、彼らが抱いていた豊かなイメージは解き放たれ、リスナーは初めてその音楽の本質に触れることができる。オーディオとは、そのための道具なのです。

自由気ままに鳴らしているだけでは、真の意味で、音楽好きのためのオーディオ装置にはならない。生演奏、もしくはそれに近い録音ならば、まるでそのレコーディング現場に居合わせたかのように、打ち込み系の音楽であれば、アーティストの頭の中で鳴っていたサウンドに少しでも近く――。表現者たちの意図をより深く理解しようとすることで、音楽から得られる感動は一層深まるはずです。

◎作法二 ――最高のメディアを追い続けた巨匠に学ぶ

表現者の側も、自分たちの意図をなるべくリアルに届けるためにさまざまな努力を重ねています。自らの芸術をメディアを介していかに正確に伝えるか。20世紀に入って、さまざまなアーティストが試行錯誤を重ねてきたのです。クラシック音楽においてその代表格ともいえるのが、20世紀最高の指揮者、ヘルベルト・フォン・カラヤン（1908~1989年）です。

この偉大なるマエストロは、卓越した楽曲解釈と表現力、カリスマ性などに加えて、メディアに対する感性が誰よりも鋭敏でした。蓄音機用のＳＰレコード（78回転）が主流だった時代に指揮者のキャリアをスタートさせた彼は、１９５０年代にはいち早くＬＰ（33回転）に軸足を移し、膨大な楽曲を録音します。

１９７０年、ワーグナーのオペラ『ニュルンベルクのマイスタージンガー』を世界に先駆けステレオ録音したのもカラヤンですし、80年代に入りＣＤという当時画期的なデジタルメディアが登場した際、「ベートーヴェンの第九が１枚に収まるサイズがいい」という彼のアドバイスによって12インチ（74分収録）という規格が決まったといわれる伝説はあまりにも有名です（真実は異なるようですが）。また晩年にはＬＤ（レーザーディスク）による主要レパートリーの映像化にも積極的に取り組んでいます。

象徴的なことに、カラヤンは新しいメディアが登場するたびに、必ずベートーヴェンの全曲集を録音し直しています。**その時代ごと、最高のメディアに自らの芸術を記録して、なるべく多くのユーザーにその本質を届けようとした。**表現者としてはもちろん、伝達者としての功績にも絶大なものがあります。

そんな人類の宝がＣＤで遺されている以上、これを享受しない手はありません。「カラヤンが心に想い描いていた音はきっとこんな感じだったに違いない」という観点で、きっちり向き合ってみる。そうすれば、興趣はさらに倍増します。自らのリスニング環境で、巨匠カラヤンの目指した音楽性を最大限発揮させてみようという大きな目標ができるわけです。

カラヤンという指揮者について、私がもうひとつ凄いと感じるのは、そのレパートリーの広さです。

巨匠と呼ばれる指揮者たちのＣＤを見ると、メインで取り上げられる楽曲というのは意外に絞られます。交響曲でいえば、やはりモーツァルトやベートーヴェン、ブラームス、ブルックナー。オペラならワーグナー、プッチーニ、ヴェルディというように、どうしてもスケールの大きな人気楽曲が主流を占める傾向があります。

ところがカラヤンは、そういうメインストリームはもちろん押さえつつも、実に幅広いレパートリーを録音しているのです。しかも、そのすべてで非常に高い水準を保っている。たとえばスッペの『軽騎兵序曲』やオッフェンバックの『天国と地獄序曲』

など、本格派のクラシック通からは少し軽めに見られがちなライトな楽曲も、モーツァルトやベートーヴェンと同じように全身全霊で振っているのが伝わってきます。

ほかの指揮者なら凡庸になってしまう曲でも、彼は徹底して楽譜を読み込み、そこに自らの解釈を付け加えることで、実に堂々とした音楽に仕立て上げることができた。カラヤン・マジックともいうべき手腕で、作曲者すら気付かなかったであろう魅力を引き出したレコーディングもたくさん残っています。カラヤンでクラシックに入門した人は幸せですね。

このようなカラヤンの方法論は、「オーディオの作法」においてきわめて示唆的だと思います。それは表現者の意図を正確に汲み取ったうえで、自分なりの鳴らし方を追求していくことにほかなりません。作品が持っている本質を損なうことなく、なおかつその環境でしか得られない「いい音」が生まれてくれれば、それはもうオーディオ自体がひとつの芸術性を帯びはじめたといっていい。話が少し大きくなってしまいましたが、カラヤンの生き方、音楽やメディアに対する処し方というのは、オーディオを揃える際にも参考になる。得るところがとても大きい気がしてなりません。

◎作法三　――コンサートを体験して「感動の経験値」を上げる

オーディオを「音楽が生まれた瞬間の感動を再現する道具」と考えた場合、実はもうひとつ大事なことが浮かんできます。**実際のコンサートやライブなどにできるだけ足を運び、生演奏に接する機会を増やすこと。いわば、自分の中の「感動の経験値」を豊富にして価値判断の基準をしっかり養っておくことです。**

たとえば、あなたがベートーヴェンの『交響曲第九』を聴きに行き、ある楽章のある部分に心を揺さぶられたとします。コンサートが終わった後も、そのフレーズの響きが耳に残って忘れられなくなる。そこから、経験として蓄積された「理想の音」とオーディオで鳴らす音との差を縮めたいというモチベーションが生まれてくるのです。

具体的な記憶のひとつひとつが、自分のオーディオ環境を追求していく際の重要な手がかりになります。それにはやはりリアルな音、本物の演奏でしか得られない感動をちゃんと身体で憶えておくことが必要です。

私自身、どんなに忙しくても週1~2回はクラシックのコンサートに足を運ぶようにしています。首都圏在住ですから、会場は「サントリーホール」か「東京文化会館」が多いのですが、面白いのは、会場によってそれぞれ音響的な特徴というか、クセみたいなものがまったく違うことです。

サントリーホールの方は、音の響きが豊潤で温かい。そこで演奏される曲は典雅でしなやか、どこかエモーショナルな音色を帯びています。一方、東京文化会館は分析的、モニター的で、ウェルバランスな、いってみれば中庸な感じの響きが特徴です。前者の魅力をある種の親密さだとするなら、後者にはスタジオライクなバランスがある。ですから同じオーケストラが同じ演目を取り上げても、会場によってまったく印象が変わってきます。

つまり、コンサートホールという空間は、それぞれが個別のキャラクターとメディア性を持っていると考えることができます。演奏者とホールの出会いが化学反応を起こし、予想もしなかった新しい響きが生まれてくることもあります。これもまた、メディアとオーディオの関係にすごく似ています。

どんな音楽でもそうですが、生の演奏というのは耳だけではなく、身体全体を使って聴いているものです。オーケストラの演奏会でも、楽団員たちがいるステージ正面から届く「直接音」は実は少なく、残りはホールの壁や天井に跳ね返ってきた「間接音」なのです。会場全体に散らばった音が、微妙な時間差・方向差を伴って聴き手を包み込む。そういう「本物の響き」が、皮膚感覚として分かっているかどうかで、オーディオについても大きな違いが出てくるわけです。これはもう、各々ができる範囲で経験を積んでいくしかありません。

第一章　オーディオの基礎知識

◎作法四 ——いい音をスペックだけで判断しない

オーディオにおける「いい音」とは、一体どんな音を指すのでしょうか。テクニカルな視点から考えると、「ノイズの成分が少ない」や「ダイナミックレンジが広い」というような言い方がパッと思い浮かびます。ダイナミックレンジとは、そのオーディオが表現できる音の強弱の幅のことですが、これらは音質を考えるうえでとても重要な概念です。

もっと機能的な観点から語ることも可能です。初期のLPレコードにはモノラル音声しか記録できませんでした。左右ふたつのチャンネルからまったく同じ音が出ていたわけです。それがやがて技術の進歩によってステレオ音声を記録できるようになり、左右のスピーカーから違う音を再生できるようになった。これによって臨場感が飛躍的に高まり、まるで演奏している現場に立ち会っているかのようなリアルな感覚を楽しめるようになりました。

最新のデジタルメディアになると5・1チャンネルサラウンドといって、自宅に居ながら映画館のような立体音響サウンドを手に入れることも可能です。これもまた、「いい音」のひとつの形といえるでしょう。

しかし、**本書が目指す「いい音」とは、あくまで「音楽を感じさせてくれる音」。つまり「音楽の感動を十分に伝えてくれる音」であり、「リスナーを心から納得させてくれる音」のことです。**

オーディオの試聴をしていると、たまに「ダイナミックレンジは広いのに、どこか違和感があるな」というような感想を抱くことがあります。本来その演奏が持っていたはずの伸びやかさが感じられず、逆に変なクセが出てしまっている。あるいは、サウンドはクリアなんだけれども、演奏の輪郭がクッキリと際立ちすぎていて、逆に作り物じみた感じを与えてしまう。

数値的には「高音質」を実現しているはずなのに、なぜこのような事態が起こるのか。考えられる大きな理由は、その演奏が本来持っているオリジナルの音の波形に、再生の過程で何らかの歪みが生じてしまったということです。ＣＤには正確に記録されているはずの情報が、ありのまま再現されていない。いかに高性能なオーディオ機器を揃えてもこれでは意味がありません。

本書はオーディオマニアを目指すための指南書ではありません。周波数レンジを広げることだけに喜びを感じたり、ひたすらクリアな音質を追求したりする人は、私に言わせると「音楽ファン」ならぬ「音質マニア」。頭から否定する気はありませんが、それだけに終始してしまうのはやはり寂しい。演奏を正確に再現できて初めて、音楽に込められた「想い」を理解し、本当の意味でのめり込めるというものです。

◎作法五 ――「オーディオ3点セット」をまずは頭に入れる

オーディオにとって何より大切な条件は、メディアに封じ込められた「音の波形」を崩さず、そのままの形で引き出すことです。ＣＤなどに記録された微弱な音声信号をあるがままに取り出し、電気的に増幅して、うまくスピーカーで鳴らしてあげる。文章にすると簡単ですが、実はこれがなかなかの難題です。

専門的には、これを「高いリニアリティーを保つ」と表現します。実はこれこそが、あらゆる「オーディオの作法」の中核だといって過言ではありません。このことを踏まえつつ、次にオーディオ機器の基本構成について考えてみましょう。

まず、メディアから音声信号を取り出す「再生機」があります。ひと昔前ならレコードプレーヤー（ターンテーブル）やカセットデッキ、現在ではCDプレーヤーがこれに当たります。最近はDVDやBD（ブルーレイディスク）なども再生できる複合プレーヤーも多く見られるようになりましたが、いずれにしてもメディアからピュアでノイズの少ない信号を取り出し、正確に出力するのが役割です。

次に、プレーヤーから出力された信号を受け取って、電気的に増幅する「アンプ」があります。取り出した状態では微弱すぎる音声信号を、電気回路を通すことによって、波形は変えずに（これが難しい）パワーアップさせる役割ですね。

そして最後に、アンプから受け取った信号を空気の振動に変換し、実際の音を鳴らすスピーカーがあります。オーディオにおける信号は、このような経路で流れています。

このプレーヤー、アンプ、スピーカーこそが、オーディオの基本3点セットです。実際は3つの機器をつなぐケーブルを始め、いろんな付属機器やアクセサリーがこれに加わりますが、あくまでも基本はこの3点セットです。

また、このように3つの機器を自由に揃えて組み合わせることを、バラバラにコンポーネント機器を購入することから「バラコン」といったりもします。本書で述べるのは、基本的にこのバラコンに関する作法です。ここではまず、3つの機器の役割と信号の流れをしっかり頭に入れておきましょう。

◎作法六　——オーディオは「人」と思って付き合う

オーディオというと、最近では一体型のシステムコンポ（シスコン）やｉＰｏｄなどの携帯音楽プレーヤーを思い浮かべる人が多いようです。この種の機器は内部がブラックボックス化されているため、オーディオ3点セットと聞いてもいまひとつピンとこないかもしれません。

しかし、「メディアに記録された情報を読み出し、電気的に増幅したうえで、空気の振動に変える」という流れは、どんな機器でも基本的に変わりません。iPodの場合はCDプレーヤーの代わりにハードディスクやフラッシュメモリが内蔵され、そこから読み出された圧縮音声データが電気回路に入って、ヘッドフォン用のアンプで増幅されてリスナーの耳に届く。小さいながらも、ここでも基本3点セットはきちんと踏襲されています。つまり3点セットについて究めることは、そのままオーディオ全般についての理解を深めることにつながるわけです。

さらに、重要なことをもうひとつ。

先ほど私は、本格的なオーディオの作法においては、オリジナルの波形を保つことが何より重要だと述べました。そのための具体的な発想のコツとして、ここでは「オーディオを人に置き換えてみる」ことをお勧めします。

あなたがA地点からB地点に移動するとしましょう。その際、どんな道を選ぶかを考えてみてください。くねくねと曲がったルートよりは、真っすぐな最短距離を行った方が、目的地に早く到着できますね。また、ガタガタ道よりはきちんと舗装された道路の方がスムーズに進めるでしょうし、渋滞した道よりは空いた道の方がストレスが少なく、気持ちがいいはずです。

実は同じことがオーディオにも当てはまるのです。

CDから取り出された音声信号は、ケーブルを通じてプレーヤーからアンプ、スピーカーへと受け渡されますが、その距離は長いよりも短い方が好ましいし、ゴチャゴチャ絡まったりカーブしたりするのではなく、すっきりと真っすぐな方が、よりスムーズに信号が通ることができます。道幅（ケーブルの太さ）や道路の質（ケーブルの材質）、さらには道路状況（プレーヤーやアンプの設置状況）なども大いに関係してきます。

信号に余計なストレスを与えることなく、あたかも大切な友人や恋人と接するときのように丁寧に扱ってあげる。欧米のオーディオ好きはよく「チェリッシュ（cherish）」

という表現を使いますが、慈しみ愛おしむような態度で、あるべき波形の姿をしっかりと伝えていくことが重要です。

そのためにも、プレーヤーやアンプ、スピーカーなどを人と思って付き合っていくという態度を、本書を貫く基本姿勢にしたいと思います。

◎作法七　――〝シスコン〟より〝バラコン〟

ここでちょっと寄り道をして、「なぜシスコンよりバラコンのほうが音がいいのか」という根本的な問題について考えてみましょう。

いわゆるシスコンとバラコンの違いは、いってみれば「何でも揃う便利な量販店」と「老舗の高級専門店」の違いによく似ています。

たとえばスーツ。最近は紳士服量販店やスーパーマーケットの衣料品フロアにも安くていい服がたくさん並んでいますが、それでも一流の洋品店で仕立てた背広は、生地から仕立てからまるで違います。専門店には長年積み上げてきた独自の技術とノウ・ハウがあって、その道一筋の伝統と歴史は、やはり他の追随を許しません。

オーディオの世界でも、これとまったく同じことがいえます。

単体で販売されているプレーヤーやアンプ、スピーカーなどを製造しているメーカーは、どれもその道の専門店。特に海外では、アンプならアンプ、スピーカーならスピーカーだけを作り続けている職人気質のメーカーが多く、実は何でも手掛ける総合オーディオメーカーのほうが少ないくらいです。

長年その世界で看板を掲げてきただけあって、当然そこには多くの独自技術や知恵が詰め込まれています。値の張る高級システムコンポであっても、プレーヤー、アンプ、スピーカーという要素ごとに見ていくと、やはり単体のコンポーネントにはまったく敵《かな》いません。

しかも、専門メーカーが作ったコンポーネントをうまく組み合わせることによって、相乗効果が得られます。**慣れないうちは音調がバラバラになってしまうリスクもありますが、コツさえつかめると「1＋1＋1」が3ではなく4にも5にも10にもなるわ**

けです。これがシスコンではなくバラコンを薦める大きな理由です。

システムコンポは、もともとリーズナブルな価格で、そこそこまとまった音を鳴らすという設計思想で作られているため、残念ながらそういうプラスアルファの喜びは期待できません。むしろ、「コスト的にスピーカーにお金をかけられないので、その分、アンプ側で信号を強調することで迫力を演出しよう」というふうに、決められた枠内で帳尻を合わせていく発想で作られています。

便利さを追求すると、当然妥協も出てきます。3点セットが一体に収まったシステム製品を考えてみましょう。プレーヤーやアンプにとって音声信号を歪ませる振動は大敵ですが、これに対してスピーカーは、振動板を使って音を発生させます。相反する条件を持つコンポーネントを一体化しなければいけないことからも、これらがそもそも矛盾を抱えた存在だということが分かるでしょう。

また、システムコンポのターゲットは基本的に若者ですから、音作りが極端に派手な方にあります。重低音をドンドン、高音域をシャリシャリと聴かせることからよく「ドンシャリ」という言葉で表現されますが、いわば音に厚化粧を施すことでアンプ

（左）バラコン≒有機農法で育てた自然素材
（右）シスコン≒化学調味料を効かせたファストフード

やスピーカーの実力不足をカバーしているわけです。実際、激しいダンスミュージックなどは、すごく体感的に聞こえたりします。

ただし、これは本書が目指す「信号の波形は、なるべく歪ませない」という原則とはまったく相反しています。料理に喩えるなら、化学調味料をたっぷり効かせた刺激的なファストフードのようなもの。お手軽ではありますが、やはり有機農法で育てた新鮮な自然素材の味には敵いません。

音楽のあるべき原点とは、アコースティックな響き。いわば太陽の恵み、土の恵みをたっぷり感じさせるナチュラルな味わいこそが肝要なのです。それをオーディオで再現するためには、やはりリスナー側がそれなりの努力をしなければいけません。

そのためにも、ひとつひとつの部品まで目配りして、きちんと作り込まれたアンプやスピーカーを組み合わせて使うことは不可欠。オーディオ環境を作っていく過程で、何かトラブルが生じたとき、問題の所在を探り当て、それらを解決して理想のサウンドを追求していけるのも、プレーヤー、アンプ、スピーカーという基本3点セットがきちんと分かれているからこそなのです。

◎作法八――店では3点セットを必ずストレート配線でつないで試聴

オーディオは、具体的にはどこで購入するのがいいのか。

大きく分けると、家電量販店などの大型ショップと、オーディオ専門店というふたつの選択肢があります。

ビギナーにとって意外に狙い目なのは量販店です。とりわけビックカメラやヨドバシカメラなどのカメラ系量販店は、近年オーディオにもかなり力を入れていて、品揃えも充実してきています。薄型テレビやブルーレイディスク（BD）レコーダーなどのAV家電を購入するつもりで気軽に入れる敷居の低さも魅力です。

店員さんも勉強熱心です。実は私自身、ビックカメラに「麻倉怜士コーナー」というお薦め製品の販売コーナーを持っていて、若い販売員を対象に定期的に研修会を実施しています。月に1度ほど、まさに本書で書くようなオーディオの作法を伝授するわけですが、みなさんスポンジが水を吸うように知識を吸収していく。実際、その知識をフル活用して接客しているそうです。

ただし、量販ショップでオーディオを購入する際には、いくつか注意点があります。まずひとつは、きちんとした試聴ルームを備えた店舗であること。さらに、選んだ3点セットをその場で直接、接続して聴かせてくれるかということです。

一般に量販ショップでは、店頭にオーディオ機器をずらりと並べておき、スイッチで切り換えることで試聴してもらうというスタイルが主流です。そうすることによって、ひとつずつケーブルを接続する手間を省いているわけですね。

ですが、これではやはり機器の素性がよく分かりません。**それぞれの個性をしっかり把握するためには、スイッチングボックスを介さないピュアな信号で、各コンポーネントが持っている音をじっくり聴き分けることが重要。そのためにも試聴時にストレート配線をしてくれることは必要最低条件なのです。**

そもそもオーディオ専門店では、最初から切り換えスイッチなど使わず、試聴時にはすべて手作業でコンポーネントをつなぐのが常識です。量販店であっても、基本3点セットを試聴ルームに持ち込んで、そこで聴くのが基本でしょう。何らかの理由で試聴ルームが使えない場合も、きちんと目の前でつないでもらうようにしましょう。

オーディオ専門店の強みは何といっても店員さんの知識、経験値が高いことです。「こういうサウンドが好みなんですが……」と相談すると、「では、このメーカーとこのメーカーの組み合わせはいかがでしょう」と即座に提案してくれます。展示製品のバリエーションも豊富で、店舗によってはかなりマイナーなメーカーまでフォローしていますし、しかも、それらを目の前でつないで聴かせてくれる。オーディオの経験を積めば積むほど、専門店にはしっかりとしたノウ・ハウがあることが分かってくるはずです。

ただし、これはどの分野にもいえることですが、専門店ではお客の側にもある程度の知識が求められます。マニアにとっては居心地がいいけれど、初心者には多少入りにくい独特の雰囲気というのは、たしかにあります。

とはいえ、その〝サークル〟にうまく入れば、メリットもたくさんあります。店員と顔なじみになるだけではなく、同好の士が多数できます。そうすると「最近このスピーカーを聴いてみたんだけれど」とか「あのアンプ、意外に良かったよ」というような、生の情報交換ができるようになります。そういうオーディオファン同士の触れ合いもまた、専門店の大きな売りのひとつなのです。

◎作法九　――試聴は最低3つの店で

購入時に一番大切なのは、徹底的に試聴することです。遠慮は禁物。最低でも30万円くらいの買い物をするわけですから、店員さんをつかまえて「これと、これと、これをつないでください」とお願いするのは、まったく失礼には当たりません。

そもそも、高価なオーディオ機器を即決で買って帰るような人が、そう多くいるわけではありません。ほとんどのお客さんは何回か足を運んだうえで購入するのが普通ですから、堂々と試聴しても大丈夫です。最初に「実はいま、組み合わせを検討しているところなんですが、今日はいくつか試聴させてもらえますか？」と話せば、一見のお客さんも大事に扱ってくれます。

実はお店の側にとっても、そうやって試聴して選んでくれるお客さんの方が、接客が楽だったりもするのです。「総予算30万円で一番いいスピーカーをください」といわれても、選択肢がありすぎて製品の勧めようがない。オーディオ選びというのは、非常に属人的な作業です。コンピュータに予算や好みを入力するだけで直ちに正解が得られるといった類のものではありません。

そのためにもまず、店員さんと気軽に話をすることです。普段どういう音楽を聴いているのか、今までどんなオーディオを使ってきたか。そういう情報がインプットされると、店側も「オペラがお好きなら、やはり声がきれいに出るスピーカーを候補に選ぼう」「それならアンプはこれにしよう」と作戦を立てられます。

事前に「こういう音を手に入れたい」というイメージを持つことは大切ですが、ベストの組み合わせというのは、やはり店員との会話の中で分かってくることが多い。薦められた製品をいろいろと試していくうちに、自分の好みを再発見するケースも多々あるはずです。このことは、量販店でも専門店でも変わりません。

最初に入った店ですべてを揃える必要はありません。むしろ、即断即決は厳禁だと肝に銘じてください。

近年医学の世界では「セカンドオピニオン」といい、高度な判断を要求される治療に際しては、主治医以外の医師にも意見を求めることが増えていますが、オーディオ選びでは、〝サードオピニオン〟ぐらいが望ましいと思います。

店員に同じ説明をしても、店によって当然違う製品を勧めてくるはずです。3店舗を回り、3人の店員に「3点セット」を2パターンずつ考えてもらうとします。そうすると、プレーヤー、アンプ、スピーカーの候補が各6つずつリストアップできることになりますね。このリストアップ作業の過程だけでも、イメージはグッと具体的になるはずです。

リストアップした候補を試聴していく過程では、いろいろなことが分かってきます。「ふーん、自分はこのスピーカーよりこっちの方が好きだ。つまりクッキリ系の音像が好みなんだな」という感じで、最初は曖昧だった自分自身の音に対する好みが、次第に明確化してくるわけです。

繰り返し述べますが、そうやって候補を絞り込んでいく過程そのものが、あなたにとって貴重なオーディオ経験になっていきます。じっくり時間をかけ、選ぶという行為そのものを楽しんでください。

ネットの口コミサイトやオーディオ専門誌の評価を参考にするのは構いませんが、やはり自分の体験に勝るものはありません。試聴を重ね、自分の好みやコンセプトに合っているかひとつひとつ吟味しながら、ベストな組み合わせを考えていく。それが大原則です。試聴もせずに「割引率の高いネット通販で購入しました」というような横着は言語道断です。

◎作法十　――まずはスピーカーから選ぶ

さて、次は具体的な「購入の作法」です。プレーヤー、アンプ、スピーカーの3点セットを試聴する際、ピックアップした候補をすべて試そうとすると、順列組み合わせで数がとんでもなく多くなってしまう。何か手がかりが必要ですね。

その手がかりとは、まずスピーカーから選ぶことです。**オーディオセットの音色を決める最大の要因は、何といってもスピーカーです。私自身の経験からしても、およそ7割はスピーカーが決めるといっていいでしょう。**ですから店員さんと話すときにも、「自分はこういう音楽が好きなんですが、どのスピーカーで鳴らすのがいいでしょうか?」と切り出すといい。

スピーカーを試聴する際のコツは、CDプレーヤーとアンプの組み合わせを固定したうえで聴き比べること。それも、なるべくクセの少ない製品を組み合わせをベースにスピーカー固有の音をじっくり聴き比べるといいです。

私の場合、新しいスピーカーを試聴する際は、マランツやデノンという国内メーカ

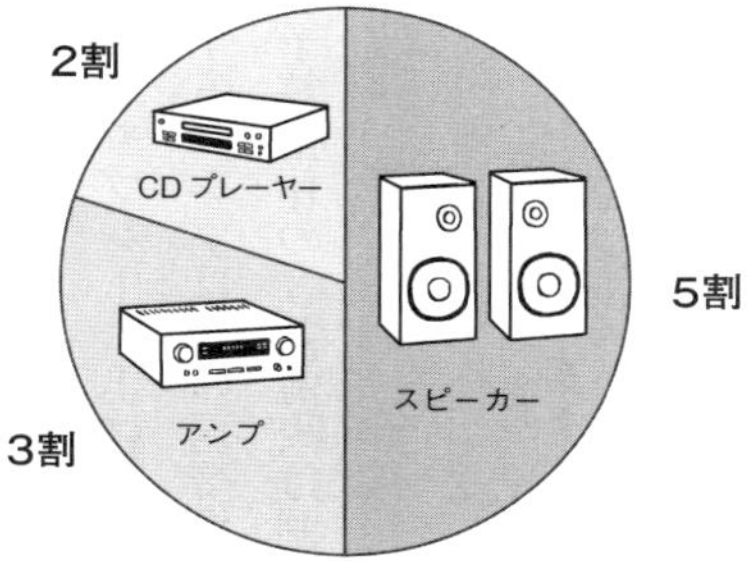

「5・3・2の法則」 例：予算30万円
スピーカー → ペアで15万円
アンプ → 9万円
CDプレーヤー → 6万円

ーのプレーヤーとアンプを用意してもらいます。それぞれ自己主張が強すぎず、しかも基本的な音作りがしっかりしているからです。

そうやって絞り込んだスピーカーに対して、今度はアンプ、プレーヤーという順番で候補を試聴していきます（もちろん、最初に試した国内メーカーの製品が、一番良かったというケースも十分ありえます）。

値段ベースでいうと、スピーカーに予算の5割を充てて、3割をアンプ、2割をプレーヤーに振り分けるイメージです。「5・3・2の法則」と憶えておけ

ばいいでしょう。この「5・3・2」はあくまでも目安であり、購入する際にはもっとフレキシブルに考えて構いません。

ただし「スピーカー8、アンプ1、プレーヤー1」というように、1点豪華主義でスピーカーにお金をかけるのはお勧めしません。高級なスピーカーを鳴らすためには、アンプやプレーヤーにもそれ相応の実力が求められるからです。特にスピーカーを駆動するアンプは音の司令塔として、コンポーネントの中核になる装置ですから、やはり予算全体の3割前後は割り振りたいところです。

◎作法十一 ——オーディオメーカーの国柄や地方風土を聴く

アンプやプレーヤーを選ぶ際も、やはりスピーカーの個性をいかにうまく生かせるかということが大きなポイントとなります。スピーカー固有のサウンドが歪んでしまうほど自己主張が強い製品よりも、むしろその美質にマッチし、キャラクターを素直に聴かせてくれるようなアンプ、プレーヤーを選びましょう。

興味深いことに、さまざまなオーディオ製品の中でも、スピーカーほどストレートに民族性を反映するものはありません。作られた場所の風土や気候、国民性、大衆の音楽の好みなどが音にそのまま具現化されている、そんな印象すら与えます。

参考までに、私が使っているスピーカーの話をしましょう。この5年ほど、私はJBLというメーカーの『Project K2/S9500』を愛用しています。JBLは、米カリフォルニア州にある世界有数のスピーカーメーカーで、同社の製品は、文字どおりアメリカ西海岸の太陽を思わせる、実にサニーで明晰な音がするのです。明るい日射しとカラッと乾燥した空気の中で見る風景のように、あらゆる音のディテールが「これでもか！」といわんばかりに総立ちになります。

思うにこれは、カリフォルニアの映像文化や劇場文化とも深く関わっている。アメリカ西海岸といえば、やはりハリウッド。そういう土壌では、スピーカーも必然的に「シアターの中でどう音を聴かせるか」を重視するようになります。

劇場の中では、座席の場所によって音が聴き取れないなどという事態は許されません。勢いスピーカーにも、どんな小さな効果音でもしっかり聴き取れる「音の解像度」が要求されます。ＪＢＬの個性は、まさにそこにあります。ひとつひとつの情報がしっかり聴き取れるうえ、全体では音の粒子にウワーッと包まれるような気持ち良さがあるんですね。

一方、同じアメリカでも、東海岸になるとかなり印象が違います。高域・中域・低域のバランスでいうとやや中域が引っ込み、音像がジェントルで控えめ、音色は渋く、どこか音楽の持っている雰囲気をしっとりと聴かせてあげようというニュアンスがあります。

ＪＢＬ『Project K2/S9500』に辿りつくまでには、さまざまなメーカーのスピーカーを数多く試してきました。たとえば、イギリスのタンノイ。創業80年以上の歴史をもつ老舗メーカーですが、ここの音も実に英国らしい風土を感じさせるものでした。1年を通して晴れた日がほとんどなく、常に重苦しい雲が垂れ込めている土地柄から生まれた、重厚で落ち着いたたたずまいが魅力でした。弦楽器の表現には独特の艶があり、そこがファンにとっての絶大なるチャームなんですね。

ただし、私に限っていうと、より明るくはっきりしていて、高解像度の音が好み。それで結局、ＪＢＬに行き着いたわけですが、これも実際にいろんなスピーカーを経験してみないと分からなかったことです。

もちろんメーカーごとに得意な音楽ジャンルというのが存在します。クラシック系であれば、やはりアコースティックな響きやホールの空気感が素直に出てくるスピーカーが望ましいし、ジャズ系であれば、ビートが効いてブルージーな感じが出るものがいい。たとえば、ＪＢＬのロングセラー機『４３１２』は、実にシンプルでオーソドックスなスピーカーで、技術的にはまるで最先端ではありませんが、古めのジャズなどとは非常に相性がいい。特に、ディキシーランドジャズから初期のモダンジャズあたりまでの演奏

著者が５年来愛用する
JBL『Project K2/S9500』

は、最高に聴かせてくれます。

そういう意味でも、スピーカーの音色からオーディオ全体を組み合わせていくというやり方は、重要な作法と考えていいと思います。

◎作法十二――「試聴メモ」を欠かさない

試聴の際に気を付けるべきこと。それはまず、自分が選んだスピーカーのどこがどう良かったか、きちんと覚えておくことです。そのためには、試聴メモを取るようにしてください。音の印象というのは、意外にすぐ消えてしまうものなのです。

これはプロの評論家にしても同じ。ましてや初心者がある程度の期間をかけてシステムを選ぼうというとき、後から正確な記憶を掘り起こすのは、至難の業です。

その際にお勧めしたいのは、自分なりに視聴メモの形式を決めておくことです。ただ単に印象を書き留めているだけだと、記述が散漫になってしまいがちです。それでは時間が経ってから参考になりにくいので、あらかじめ「ここに注意して聴こう」というポイントを定め、そこを重点的に聴いていくわけです。

実はこれ、プロのオーディオ評論家たちも多用する試聴テクニックのひとつです。イーグルスの『ホテル・カリフォルニア』を聴くのなら、ドン・ヘンリーが叩く冒頭のドラムがすごく硬質に聞こえたとか、後半のツイン・ギター演奏がどう響いたかということをメモしておく。**他人から見ると些細なところでも、自分なりのツボというものは誰にでもあるはずです。それを定点観測的に書き留めていくことで、スピーカーの個性を後からプレイバックできるうえ、比較対照もしやすくなります。**

もちろんその際には、プレーヤーとアンプの組み合わせも、忘れず書き留めておきます。そうすると、後からスピーカーの特性を一番うまく生かしてくれるプレーヤーやアンプを絞りやすくなり、次のステップにも進みやすくなります。

参考までに、私の試聴メモについて述べておきます。

試聴した日付、プレーヤー、アンプ、スピーカーそれぞれの型番を記入し、サウンドの印象を書き入れています。アンプとプレーヤーを固定した状態でふたつのスピー

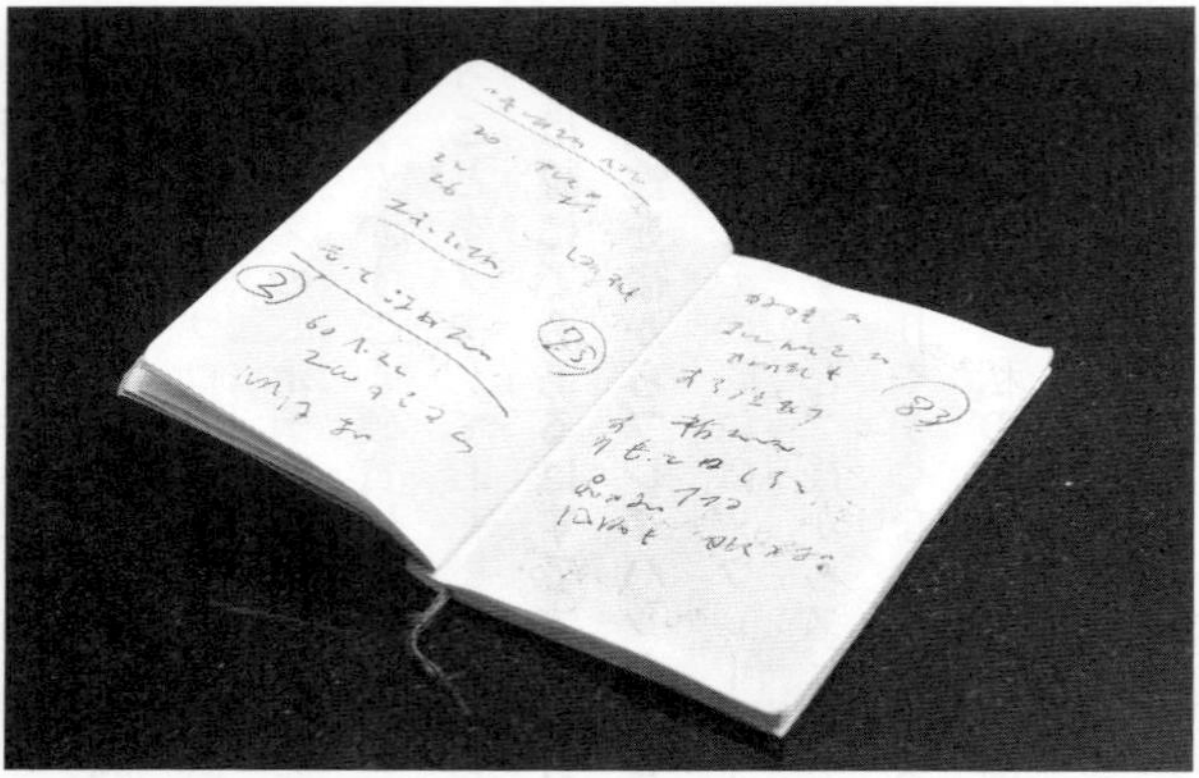

著者の試聴メモ「クセ字なので他の方には読めませんね」

カーを聴き比べ、自分なりに評価していくわけです。この際、「高域・中域・低域」というふうに音域ごとにチェックしても構いませんし、「弦楽器・管楽器・ピアノ・歌」などとパートごとに評価してもいいでしょう。評価基準はABCでもいいし、言葉で印象を書き込んでもいい。私は100点満点で採点しています。

項目は自分なりに工夫してください。重要なのは、行き当たりばったりに聴くのではなくて、常に同じ視点から音をチェックしていくということです。

スピーカーの候補が絞られたら、今度は逆にスピーカーを固定した状態でアンプや

CDプレーヤーを聴き比べてみてください（この段階になると、スピーカーほどは劇的な違いが出ないため、より集中力が求められます）。試聴を重ねていくうちに、「このメーカーの個性は、どうやら自分には合わないらしい」というふうに姿を消していく製品も出てきます。あるいは「このスピーカーは自分の好みに合っているので、もっといろんなプレイヤー、アンプとの相性も知りたいな」などと、興味も広がっていくはずです。

試聴メモを蓄積し、積み上げることで、自分の好みの変遷も一目瞭然になります。このように自分なりにデータを分析しながら、候補を絞っていくのも一興です。

◎作法十三　――ヴォーカル、ピアノ、弦楽器を中心に試聴する

「ここに注意すると効果的」という試聴時の聴きどころについて、詳しく述べておきましょう。

まず、初心者の方にも一番分かりやすい方法は、ヴォーカルを中心に聴くことです。

人の歌声は、周波数帯域でいうとちょうど中域。男女差や個人差はありますが、一般的には300～3000ヘルツといわれます。

「周波数」とは、音が伝わる際の空気の振動回数のことで、周波数が高い（振動回数が多い）ほど高く聞こえ、逆に周波数が低い（振動回数が少ない）ほど低い音に聞こえます。

また、中域というのは、音楽の基本情報がたっぷりと詰まった、いわば一番濃厚な、まさに中核的な音域です。この中域をスピーカーがどう緻密に表現できているかを、ヴォーカルを基準に聴き分けるわけです。

具体的には、ソプラノの声がスーッと伸びやかに出ているか。テノール部が豊かで、ペラッとした印象に陥っていないか。囁くように歌った際の空気の震えまで、きちんと再現できているか。そして、全体的に変な歪みやクセが生じていないか。こういったことを自分の耳でチェックしていきます。中域におけるヴォーカルの再現性は、オーディオセット自体の基本的な志向性――全体的に温かみのある暖色系のサウンドなのか、それともクリアな寒色系のサウンドなのかが分かるポイントでもあり、とても重要なのです。

クラシック好きの人は、特にヴァイオリンとピアノの聞こえ方に注意してください。弦楽器である前者は持続音系、鍵盤楽器である後者は衝撃音系で、それぞれ楽曲を横割り、縦割りにする効果を担っています。このふたつの楽器は、スピーカーの素性を表すかっこうの目安になります。ヴァイオリンとピアノのパートが自然に聞こえるか、きちんと協調しているかもポイントです。

このような周波数特性に加えて、私が重要視しているのは「音の解像度」です。ここでいう解像度とは、はっきり耳に届く大音量のパートだけではなく、針が床に落ちるような小さな音まで忠実に再現する能力のこと。映像でいうフルハイビジョン画面のように、ディテールまできっちり表現できるかの分解能力を指します。演奏会場の豊かで暖かな雰囲気などは、この解像度が高くないことには再現できません。

浮かび上がってくる音のイメージが、靄《もや》がかかったようにぼんやりとしていないか。ディテールまでくっきり見通せるかも、ひとつのチェックポイントになります。このような点に留意し、メモを取りながら試聴を重ねていくと、次第に評価のブレが小さくなり、自分なりの判断が下せるようになっていくと思います。

◎作法十四 ——試聴用のCDを決めておく

試聴時には、自分が好きなCDを持っていくことをお勧めします。

もちろん、どのショップにも試聴ディスクは揃っていますが、そのたびに違うタイトルを聴いていると、いくらメモを取っていてもやはり印象がバラバラになってしまいます。理科の時間に習った対照実験のように、いつも同じサンプルで検証することが大事です。

このように、何かあればそこに立ち戻って参照できるディスクを「リファレンスディスク（CD）」といいます。そのCDがその人の感性や趣味性をストレートに反映するのです。

あらかじめ自分の好きなＣＤを２～３選んでおきましょう。クラシック音楽好きなら、大規模なオーケストラ楽曲と軽快な室内楽、さらに人の声が入ったオペラや歌曲を１枚ずつというのもいい。その際、先述したように弦楽器系の音とピアノの音は押さえておきたいところです。オールラウンドな音楽好きの方なら、クラシックとジャズとロックを１枚ずつでもいいでしょう。

試聴室でＣＤを１枚通して聴くわけにはなかなかいきません。ですから、あらかじめチェックポイントを決めておくことも大切です。事前にしっかり聴き込んで、その作品の聴きどころ――「このパートではこういうハーモニーがあり、ここではこのリズムがあって……」などというポイントを自分なりに絞っておく。こんな作業も、また楽しいものです。

たとえば、チャイコフスキーの『ピアノ協奏曲第１番』は、まず冒頭でホルンの雄大で柔らかい音色が流れ、やがてピアノが力強く前面に出てきて、さらにヴァイオリンが流麗で雄大なロシア風歌謡旋律を奏でます。つまり、この第１楽章をある程度聴くと、管楽器、鍵盤楽器、弦楽器の響きが一挙にチェックできるのです。しかもヴァイオリンのパートではかなりフォルテが多用されているので、3点セットのセッティングがうまくないと、音がすぐ歪んでしまうんですね。その意味では、スピーカーの個性だけでなく、組み合わせのクセまでチェックできて、一石二鳥ならぬ三鳥、四鳥の楽曲です。

ジャズ好きであれば、基本中の基本ともいえるピアノトリオ作品から攻めていく手もあるでしょう。まずはビル・エヴァンスやオスカー・ピーターソンなど、好きなピアニストの名盤で全体の雰囲気をつかむ。そして次に、サックスやトランペットなど管楽器が入った編成のものや、歌手との共演盤を聴いてみる。そうやって音の立ち方、切れ味、粘りっこさ、ジャジーな雰囲気などを確かめていくわけです。

リファレンスCDは、購入するときだけではなく、セッティングのときにも重宝します。オーディオの道は、実は3点セットを買ってからが始まりです。自宅にオーディオセットを組み上げた後も、折に触れてリファレンスCDを取り出して、それがもっと音楽的に響くように環境を作り込んでいくことが大切なのです。

次章以降で詳しく述べますが、本格的なオーディオの世界では、ちょっとした機器の置き方やつなぎ方ひとつでドラスティックに音が変わります。その際、リファレンスCDがあなたにとって、もっとも信頼のおける指標になってくれます。

◎作法十五　――オーケストラと女性ヴォーカルを試聴する

ここで、ご参考までに私が仕事でよく使うリファレンスCDの中から、代表的なディスクを2枚紹介しましょう。

まずは輸入盤のアルバムですが、ジェニファー・ウォーンズという女性シンガーの『The Well』というアルバム。彼女はフォーク、カントリー調の素朴で温かい歌い方からソウルフルな歌唱まで自在にこなす実力派で、アコースティックな歌の魅力を存分に感じさせてくれます。しかも、どの作品も音質がきわめて高水準です。周波数帯域が広く、リズムの切れも抜群で、スピーカー特性やクセが非常に端的に表れます。彼女のアルバムでは、音の立ち上がり感や音の情報量などを聴き、そのシステムの基本的な性格をチェックします。

次は、シャルル・ミュンシュ指揮＝ボストン交響楽団によるベートーヴェンの交響曲第3番『英雄』変ホ長調。その第1楽章をよく利用しています。もともとこの曲は、それ以前の交響曲の概念を根本的に変えた大編成と長時間が特徴です。この楽曲以降、交響曲は初めてクラシック音楽の中心ジャンルになりました。

少し古い録音ですが、とにかく演奏が素晴らしい。構成の緻密さといい、豊穣な音色といい、ベートーヴェンが楽譜の中に秘めたイメージを見事に解釈し、十全に引き出してくれている。私にとっては、まさしくクラシック音楽の神髄を伝えてくれるような名盤です。

このCDでは、まず冒頭の全合奏で主和音のハーモニーを味わいます。次に始まるチェロの独奏で弦楽器の豊かなニュアンスを確かめ、さらにクライマックスに向けて高まっていく過程で、ダイナミックレンジ（表現幅）を聴くようにしています。

どんなに高価なオーディオでも、二律背反する要素を同時にうまくこなすのはなかなか難しい。「ヴォーカルは実に艶っぽく聴けるのに、大編成のオーケストラになるとスケール感に欠ける」、あるいは「オーケストラの鳴りはとても堂々としているが、歌モノでは、目を閉じて聴くと歌手の口がもの凄く大きく感じられてしまう」などというケースはよくあります。

だからこそ、音楽性のまるで異なるリファレンスCDを2～3枚持参する意味があるのです。大編成のベートーヴェン交響曲と、ジェニファー・ウォーンズのタイトでヒューマンなヴォーカルを、どちらもうまく表現できるかどうか——難しい課題ですが、言い換えればその**最大公約数をどう判断するかによって、試聴したオーディオが自分に向いているのかどうかが分かります。**そのシステムが持つ「音楽的ダイナミッククレンジ」を測ることができるわけです。

◎作法十六 ——カタログを鵜呑みにしない

カタログや専門誌など、情報ソースとの上手な付き合い方についても述べておきましょう。

まずオーディオメーカーの製品カタログ。これは「ほとんど役に立たない」と考えていいでしょう。どういう新素材を開発したか、どんな新方式の電気回路や構造を採用しているか。誇らしげに記されている能書きは、一度さらっと流し読みをしたら、すべて忘れてしまって構いません。

もちろんカタログには、さまざまな新機能やスペック情報がびっしりと記載されていますし、「読まなくていい」なんて書くとカタログを作ったメーカーから怒られてしまいますが、ここで言わんとしているのは、「**オーディオ選びはカタログだけでは絶対にできない**」ということです。

これが守られていないマニアというのも、意外に少なくありません。自分の耳よりも、ついカタログのスペックやネットの口コミ情報などを参考にしてしまう。これは良くありません。ですからメーカーのカタログは、デザインや値段、基本情報をチェックする参考資料だと割り切りましょう。

次にオーディオ専門誌との付き合い方です。

私自身、長年、オーディオ専門誌の仕事をしていますが、まず知っておいてもらいたいのは、日本の専門誌は基本的に〝印象批評〟であるということ。要は、「このスピーカーは私にはこう聞こえました」という評者の主観的なインプレッションから説き起こすスタイルです。一方、海外はスペックに基づく〝数値批評〟が主流です。

もちろん、これにには一長一短があります。印象批評というといい加減に聞こえるかもしれませんが、実際はそうではありません。プロの批評家が感じたことを文章化しているわけですから、その評価をストレートに受け入れるかどうかは別として、製品が持つ基本的な方向性は分かります。むしろスペックを重視したスタイルでは、音楽性は決して伝わらない。その意味では、日本の専門誌のスタイルは製品を理解しやすいといえます。

ただし、やはり人の感覚には個体差があります。私自身、専門誌に原稿を書くときはなるべく先入観を交えず、いわばフラットな観点で評価するよう心がけていますが、それでも無意識のうちに好みは反映されているはずです。

ですからオーディオ専門誌を読む際には、その評論家がどんな好みの持ち主で、どういう方向性から判断を下しているのかを、ある程度知っておく必要はあります。それが読み手の好みと重ならないケースも、当然出てくるでしょう。ですがプロの批評家は、やはり自分の中に固有の尺度というものを持っていますから、そのズレの幅もおそらく一定枠に収まると思われます。

お店に足を運び、いろんな製品を試聴しながら読んでいくと、「この批評家の好みは、わりと自分に近いかな」という方向性が分かってくると思います。そうなればしめたもので、次はこれを試聴してみようという有力な参考情報を得られるはずです。

いずれにしても、大切なのは自分なりの尺度を持つことです。製品のスペックやオーディオ専門誌はあくまで情報ソースと位置付けて、自分が本当にいいと感じる機器を主体的に選ぶことが大切です。

Column 1

スピーカーとオペラの不思議な関係

本章で「スピーカーほどストレートに国柄や地方風土を反映するものはない」という話をしました。では、もう少し広い視点でアメリカ製とヨーロッパ製のスピーカーを比べてみるとどうでしょう。

私が面白いと思うのは「それぞれの設計思想とオペラ演出における相似性」です。意外に思われるかもしれませんが、最近のオペラ界は、アメリカ勢がトラディショナルな演出に徹するのに対し、欧州勢の方がアバンギャルドな実験を追求するという構図になっています。ニューヨークでは古式ゆかしいイタリアオペラやドイツオペラが好まれる一方、ヨーロッパの演出家たちは舞台装置を壊したり、原作の設定を現代劇に書き換えて上演したり、さまざまな冒険にチャレンジしています。

実は、これと似たようなことがスピーカー開発にもいえます。アメリカのメーカーはいい意味で保守的、ベーシックな技術をじっくりと熟成させる方向性で音作りに取り組む傾向があります。一方、ヨーロッパの製品には先鋭的な設計思想を持つものが多い。分かりやすいのが振動板の素材で、従来型の紙ではなく、ハイテクな金属を用いて反応速度や周波数レンジを高めるなど、さまざまな新工夫が凝らされています。

スピーカーの個性と音楽を生み出す土壌には、やはり抜き差しならない関係があるようです。

第二章　スピーカーの作法

◎作法十七　──「密閉型」「バスレフ型」の違いを知る

本章では、スピーカーが持つ音色や個性といったポテンシャルを、できる限り引き出すための作法について述べます。

まずはスピーカーシステムの基本について押さえておきましょう。スピーカーを選ぶ際は、ふたつの切り口を頭に入れておくと便利です。それは「エンクロージャーのタイプ」と「ユニットの構成」です。

エンクロージャーとは、スピーカーのキャビネット、要するに外形となる箱のことです。「密閉型」と「バスレフ型」というふたつのタイプがあり、それぞれ異なった特性を持っています。またユニットとは、エンクロージャー内にあって音を発するデバイスのことで、振動板、コイル、マグネットなどで構成されています。

ひとつのスピーカーユニットで、すべての周波数帯域をカバーしようとする製品を

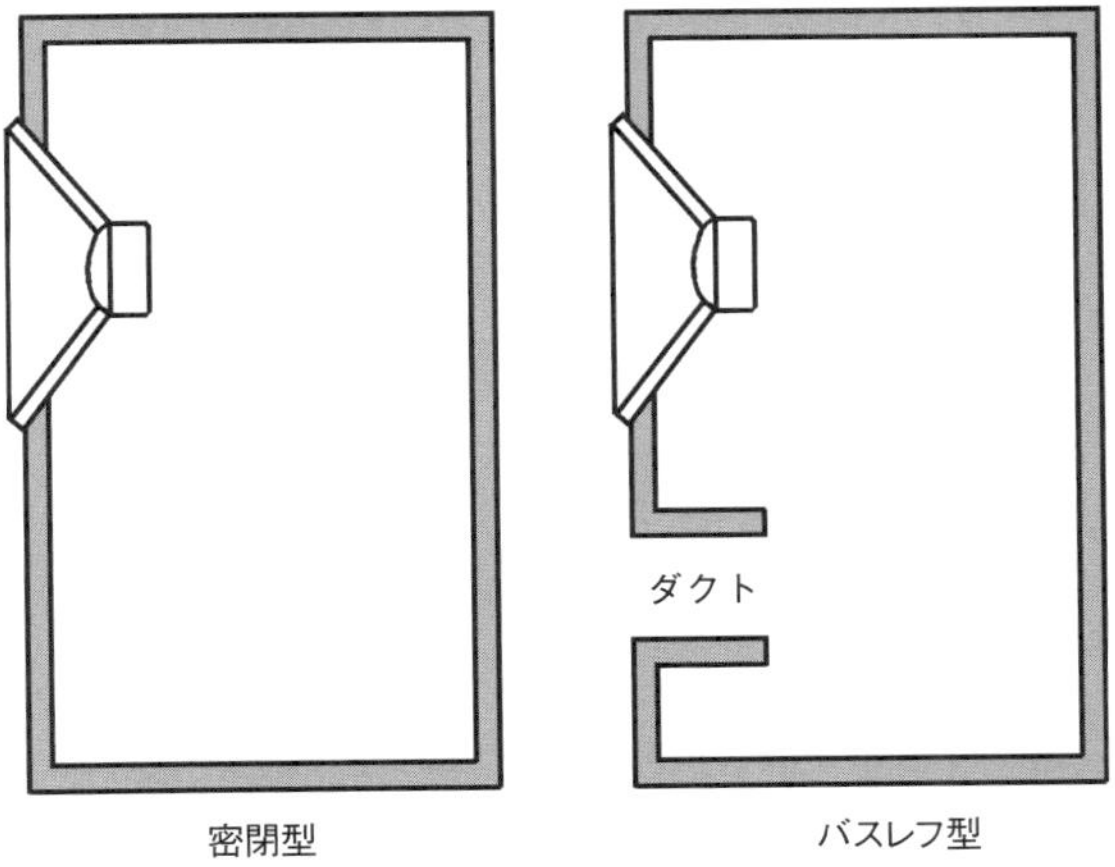

密閉型

【メリット】

音の立ち上がり感やナチュラル感がいい。箱の体積が大きいと伸び伸びとした低音が得られる。

【デメリット】

ある程度の体積がないとしっかりした低音が鳴らないので、大型化する傾向がある。

バスレフ型

【メリット】

密閉型スピーカーより小さな体積でも、効率的に低音を得ることができる。

【デメリット】

ダクトを壁や床で塞いでしまわないよう注意が必要。

「フルレンジ型スピーカー」といい、低域・中域・高域などレンジに応じて複数のユニットを備えたものを「マルチウェイ型スピーカー」といいます。

スピーカーを試聴するときには、音を聴きながらカタログを読んで「これは密閉型のフルレンジ」「こっちはバスレフ型3ウェイ」などと確認してみてください。音の個性と方式との間に密接な関係があることが、だんだん分かってくると思います。このふたつの切り口で読み解くと、スピーカーの選択や使いこなし方もかなり具体的に見えてきます。

では、まずエンクロージャーのタイプから。

そもそもスピーカーは、「コーン」と呼ばれる振動板を振動させることで音を出しています。ユニットの板を前後に震わせることで空気を前に押し出し、音を伝えているわけです。ただし、ユニットだけでは音はほとんど出ません。振動したコーンが空気を前に押し出すと同時に、後ろの空気を引っ張る働きもするために、音の位相（向き）がプラスマイナスゼロとなって、互いに打ち消し合うからです（実際には、高音は真っすぐ進む指向性を持っているため、ある程度耳に届きますが、低音は指向性がないため、後ろから出るマイナスの音と合算されて、ほとんど聞こえなくなります）。

そこでスピーカーのフロント部の面にユニットを固定する「バッフル板」という板を取り付け、空気を前と後ろで遮断して、お互いの干渉を防いであげる必要が出てきます。この「ユニット＋バッフル板」という組み合わせこそが、もっとも原初的なスピーカーの形です。

密閉型のエンクロージャーというのは、いわばそのバッフル板を後ろ側に折り込んで箱状にした方式です。ユニットの後ろ側に生じた音が前に出ないよう、その名のとおりキャビネットを完全密閉空間にしたものです。密閉型のスピーカーでは、音が前方向にだけダイレクトに出てくるので、一般的に音の立ち上がり感やナチュラル感に優れる傾向があります。密閉することで内部の空気がバネの役割を果たし、それなりに低音を補強するという場合もあります。タイトで、しかも切れのある低音が好きという人には向いているでしょう。

問題もあります。ひとつは低音再生においてです。密閉式ではある程度の体積がないとしっかりした低音が鳴らせないので、どうしても大型化する傾向があります。また、先ほどの空気バネの効果により、逆にユニットの自然な振動を抑えてしまうケースもあります。

そこで考案されたのが、バスレフ型のエンクロージャーです。最大の特徴は、キャビネットに「ダクト」と呼ばれる穴が開いていること。このダクトは内側が管状になっていて、その長さ・体積・位置などがチューニングされています。このダクト内の空気をキャビネット内の空気とうまく共振させ、低音域を増幅して外に押し出すように設計されています。

このためバスレフ型のスピーカーでは、密閉型スピーカーより小さな体積で、効率的に低音を得ることができます。加えて、密閉型のような空気のバネ効果が少ないために、スピーカーユニットが自由に振動でき、伸び伸びして量感に優れた音が得られる傾向があります。

ダクトの位置は、スピーカーの前面だけとは限りません。キャビネットの背中や底に持つタイプもあります。そのため、バスレフ型のスピーカーを設置する際は、このダクトを壁や床で塞いでしまわないよう注意が必要です。逆に、低音が少し出すぎか

ビクター『SX-M7』

フロアスタンド型スピーカー

など感じた際には、ダクト部分に少しフェルト材などを入れて吸音をするという手もあります。こういう微調整が可能なのもバスレフ型の面白さです。

このように密閉型とバスレフ型には、それぞれにメリットとデメリット、使いこなしのポイントがあります。どちらの方式が優れているということではなく、きちんと設計された製品ならそれぞれ個性的ないい音を鳴らしてくれます。あくまで音の好みを重視して、部屋とのマッチングを考えながら選んでいくことです。

ちなみにスピーカーには、「フロアスタンディング型」「ブックシェルフ型（87ページ参照)」という分け方もあります。前者は床に置いて使う、比較的背の高い大きめのタイプ。後者は、文字どおり本棚の中に収納するコンパクトなタイプですね。

憶えておきたいのは、フロアスタンディング/ブックシェルフという分け方は、サイズに基づいた便宜的なものだということ。一般論として「広いオーディオルームをしっかりした低音で満たすには、フロアスタンディング型が有利」とか「狭い部屋で音作りをする場合は、ブックシェルフ型のほうが便利」ということはいえますが、それ以上の共通項はありません。実際、同じフロアスタンディング型でも、エンクロージャーの方式やユニットの構成、用いられている素材の違いによって、音はまったく変わってきます。

◎作法十八 ——ユニットの設計思想を把握する

次はユニットの構成です。スピーカーを正面から眺めると、大小複数のユニットを持った製品が多いですね。何しろ人の耳が聴き取る音の範囲は広いですから、ひとつのユニットだけですべての周波数帯域を鳴らすのは難しい。そこで帯域を「低音・中音・高音」というふうに何分割かして、それぞれに専用ユニットを割り当てているわけです。

このように複数ユニットを持つスピーカーを「マルチウェイ型」といいます。低音専用のユニットは「ウーファー」、中音専用のユニットは「スコーカー」、高音専用は「ツィーター」といいます。

各スピーカーメーカーの設計思想がはっきり表れるのが、このマルチウェイをどう捉えるかということ。先ほど述べた密閉型とバスレフ型については、大抵のメーカーが製品の用途に応じて使い分けていますが、ユニット構成については2ウェイ派のメーカー、3ウェイ派のメーカーというように、確固たる哲学を持って統一している場合が多い。中には4ウェイや5ウェイという複雑なユニット構成を採用することを社是とするメーカーもあるくらいです。

音が進む速さは、低域・中域・高域によって異なるので、マルチウェイスピーカーの設計には、高度な技術が要求されます。というのも、これらの帯域を人工的に切り分けるため、下手をするとユニット間で「音のつながり」がおかしくなったり、リスナーに届くタイミングがずれてしまったりします。

ある時間軸で見たときに、ウーファーから出る低い音波とツィーターからの高い音波が、半波長ズレていたとしましょう。そうすると、サインカーブの山の部分と谷の部分が打ち消し合って、音が乏しくなったり、逆に不自然に強調されたりします。これを「位相ズレ」といいます。位相が合っていないと、音像のフォーカスが甘くなり、音場も曖昧にぼやけてしまいます。

その意味で、最高の位相が得られるのは、実はユニットがひとつしかないフルレンジスピーカーなのです。これだと位相ズレや音色の違いは生じません。とはいえ、20ヘルツ～2万ヘルツまで広がる人の可聴帯域をひとつのユニットだけでカバーするのは大変なことです。ユニットの口径を小さくすると低音が出にくくなるし、逆に大きくすると高音が表現しにくくなるという問題があります。

JBLでは、低音と中高音の2ウェイが基本ですが、周波数レンジの広さと自然さの兼ね合いで、それがベストだと考えているわけです。

ひと口に2ウェイといっても、いろんなパターンがあります。低域を「より低い音域の出るスーパーウーファー」と「中域までカバーできるミッドバス」のふたつでまかない、さらに中高域を「通常のツィーター」と「より高域が出るスーパーツィーター」のふたつでまかなうというように、見かけ的には4スピーカーでも実は2ウェイとして考えているスピーカーもあります。

ユニット数が増えれば増えるほど、音像のピントを合わせも難しくなりますが、これはメーカーに限った話ではなく、リスナーにとっても同じことです。4ウェイ、5ウェイとユニットが多元化するほど、扱いや使いこなしも大変になっていくことは知っておいた方がいいでしょう。

最近では、ウーファーの真ん中にツィーターを配置した「同軸スピーカー」という複合型ユニットが注目されています。イギリスのKEFというメーカーが開発した「Uni・Q」というユニットが有名で、ふたつのユニットの音の軸をひとつに重ねているので低音から高音まですべての音が1点から出てくるという代物です。うまく設計すると音像がピタッと定まる。その軸から少しでも離れると高域が減衰してしまう恐れもありますが、ＫＥＦ製品は優秀です。

ちなみに私がメインで使っているＪＢＬ『Project K2/S9500』（53ページ写真参照）は「バーチカルツイン」といい、上下に同じウーファーユニットが取り付けられています。このふたつが同相で振動し、ちょうど真ん中にあるツィーターの位置で両ウーファーの音像が結ばれるようになっています。言ってみれば、同軸スピーカーを仮想的に実現しているわけですね。

このようにユニットの構成はスピーカーの設計思想と密接に関係しています。自分と自分の環境に合ったユニットの構成を見つけるのは、スピーカー選びにおいて非常に重要な要素です。

◎作法十九　――部屋とのバランスを考える

スピーカーを選ぶ際、決定的に重要な要素となるのが「指向性」です。指向性とは音の広がり具合のことですが、これも個々のスピーカーによって違います。指向性が狭いスピーカーでは音が充分に広がらず、ある限られた範囲でしかステレオ感を得られません。小さな部屋で聴く際はそれでも問題ありませんが（むしろその方が好ましい場合もあります）、広い部屋を想定している場合は、より指向性の広いスピーカーを選ぶ必要があります。そうしないと、広い部屋の一部分だけしかリスニングエリアとして使えなくなるからです。

やはり、**「小さい部屋には小さいスピーカー」「大きい部屋には大きいスピーカー」を選ぶのが基本的作法です。**この当たり前のようなことをきちんと理解していない方が意外と多いのです。

また、先ほど「低音・中音・高音はそれぞれ進む速さが違う」と述べましたが、指向性も同じです。低音は指向性が広く、スピーカーを中心にほぼ360度広がります。これが中域～高域へと周波数が上がるにつれて指向性は狭まり、ビーム状に鋭く直進するようになります。

つまり、同じスピーカーから出ている音でも、低音・中音・高音でそれぞれ広がり方は異なっているということです。リスナーが全音域の音をバランス良く感じ取ろうとすると、それぞれの指向性がきちんと重なったエリアに居る必要があります。3ウェイシステムのように複数ユニットを持つスピーカーの場合は、3つのユニットともそれぞれ指向性が違うので、なおのこと複雑になります。

それぞれのスピーカーが持つ指向性によって、最適なリスニングポイントはある程度は定まってくるともいえます。だからこそスピーカーを選ぶ際には、部屋とのマッチングがものすごく大事なのです。広めの部屋に対してリスニングエリアがあまりに狭すぎるのは問題ですし、反対に、狭いオーディオルームに大型スピーカーを置いても、その実力は発揮できません。

もちろんこの際、壁などによる反射の影響も考慮しないといけません。狭い部屋に大型のスピーカーを無理やり持ち込んでも、スピーカーと壁との間にほとんど距離がなかったり、あるいはリスニングポイントの後ろがすぐ壁だったりすると、後ろに回り込んだ音が反射してしまい、正確なステレオ感は描けません。むしろ小型のスピーカーを選び、何らかの手法で低音を補ってあげた方がずっとプラスに働くかもしれません。

スピーカーを試聴するときには、どれくらいの広さの部屋に置くつもりなのか、あらかじめ店員さんに話しておくといいと思います。そうすれば、部屋の広さに適した指向性のスピーカーをいくつか見繕ってくれるはずです。ベテランの店員さんならば、部屋のサイズを想定して試聴ルームにスピーカーを配置してくれるかもしれません。いずれにしても、部屋とのマッチングを無視して聴き比べても、あまり意味はないのです。

◎作法二十 ——ブックシェルフ型は〝本棚込み〟で音作りする

ここで、コンパクトなブックシェルフ型スピーカーについての作法を紹介しておきます。ブックシェルフ型とは、文字どおり本棚の中に収まるサイズのコンパクトなスピーカー。値段も幅広く種類も豊富で、うまく使いこなせば、狭い空間でも実に豊かな音場を作り出せます。

ブックシェルフ型という名称は単なる比喩ではありません。**「設置した本棚を共振させることによって、低音を増強させる効果を発揮し、小型サイズであるがための欠点を補う」**という技術的な発想に基づいています。スピーカーとは本来、外部との共振をなるべく避けたいものなのですが、このデメリットを逆手に取るわけですね。

極端にいえば、スピーカーは、ユニットだけを宙に浮かせて鳴らせられれば一番いいのです（実際、そのような設計思想を持つ製品もあります）が、しっかりした木製の本棚であれば、木の鳴り方そのものが自然で、アコースティックな風合いを持っています。この要素を利用しようというのがブックシェルフ型の発想です。

「音質は好みだが、やはり低音がもの足りないな」と感じた場合には、低音専用のスピーカー（スーパーウーファー）を足してあげる手もありますが、本当にリッチな低音を味わいたい場合には、アコースティックにやはり本棚とのマッチングを考えるのが本筋です。

ビクター『SX-M3』

ブックシェルフ型スピーカー

本棚の材質が木製ではなくスチール製の場合、ある特定の周波数で共振してしまう場合が多く、スピーカー本来の音色に余計なノイズが乗ってしまいます。敬遠すべきこととして、これを「本棚が鳴く」と表現します。

どうしてもスチール製の本棚を使わざるを得ない場合は、本棚の背面にガムテープを貼って振動を抑制するなど、「鳴り止め」を施すのもひとつの方法ではあります。しかし、これは本質的な解決策にはなりませんので、なるべく木製の本棚を使うことをお勧めします。

木製でも、あまり薄っぺらい素材のものは避けたいところです。カラーボックスのような素材は内側がスカスカだったりして、音が吸われてしまったり、不要な付帯音が乗ったりして、とたんに音がプアになってしまいます。やはり、無垢の木や身の詰まった合板で作られた本棚がいいでしょう。

また、本棚に収めた本は吸音材の役割を担いますので、その冊数で音の鳴り方を調整できます。低音を増強させたいときは、あまり本を置かないのが基本で、逆に低音が鳴りすぎだと感じたら、本を増やします。

低音をスッキリさせつつ、もっと音の解像度を上げたいのであれば、本以上に吸音効果の高いマテリアルを使うのも一手です。たとえば、本棚と壁の隙間にタオルやフェルトなどを入れてあげると、低音が抑えられてカチッとした音になっていきます。もちろん、あまり吸音材を入れすぎると音が痩せてしまうので、そのへんのバランスはタオルやフェルトの量を変えて何度も試してみるなど、微調整が必要です。

こんなふうに、本棚でのアジャストによって自分好みのサウンドをいろいろ調整できるのが、ブックシェルフ型スピーカーの面白さです。

ところで、スピーカーを横向けにして本棚の上や中に入れている人がいますが、これは厳禁です。2ウェイ以上のスピーカーは、高音と低音の速度の違いまで厳密に計算に入れて設計されていますが、横置きにすると、その作り込みが水の泡になってしまいます。いくらスペースの問題があっても、またそれがお洒落だと思っても、**スピーカーの横置きはオーディオの作法的には厳禁です。**

◎作法二十一 ――三角形の頂点で聴く

音楽の質は、スピーカーの配置によって一変します。理想は、自分の目の前で演奏が行われているような臨場感と広がりを再現することです。オーケストラのライブCDならば弦楽器、木管楽器、金管楽器、打楽器など、それぞれのパートがステージ上のどこでどんな音色を奏でているかが、手に取るように分かること。この豊かな音のパースペクティブこそ、ステレオ再生の醍醐味です。

セッティングの基本は「リスニングポジションを頂点とする三角形」です。まずは自分の位置を決め、さらにふたつのスピーカーを三角形をなすように配置する。スピ

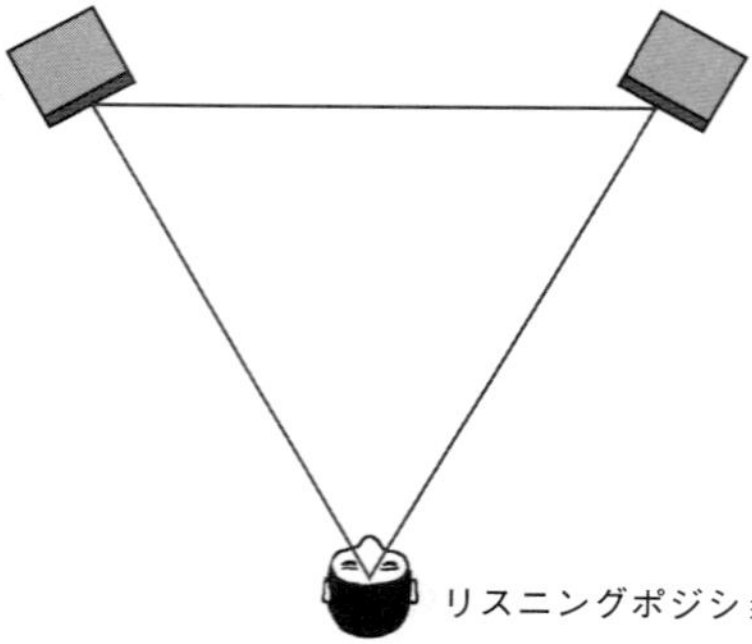

セッティングの基本は「リスニングポジションを頂点とする三角形」（オルソン方式）

ーカー自体の向きはとりあえず真正面で構いません。これがステレオ再生におけるもっともベーシックな配置となります。

2本のスピーカーを用いたステレオ再生の原理は、「左右2チャンネルのボリュームが等しいとき、音はセンターから聞こえる」というものです。リスニングポジションが左右どちらかにずれると、微妙な音量バランスが崩れて正しいステレオ感が得られなくなります。左右のスピーカーに対して、リスナーが常に等距離の位置にいることは重要です。この基本形をベースに、部屋に合わせて微調整を加えていきます。

ちなみにこの三角形の配置は、音楽制作の

現場においても重要な意味を持っています。レコーディングやミキシング、マスタリングなどを手がけるエンジニアたちは、ライブ会場やスタジオで、昔からずっとこの配置で音楽と向き合ってきたのです（ステレオ録音においては、スピーカーの代わりに2本のマイクロフォンが立てられます）。作り手の意図にしっかり向き合うという意味でも、スピーカーをきちんと配置することは大切です。

特に意識してほしいのは「音場」と「音像」という要素です。音場というのは、ライブ会場の雰囲気やざわめきなどもすべて含んだ空間の再現性。一方の音像とは、音が発せられる位置です。たとえば、ステージの真ん中に歌手がいて、左端にピアニスト、奥にはドラマーという、それぞれの音の定位のことです。スピーカーを設置する際には、この音場感と音像感のバランスをどのようにとるかがとても重要になってきます。

スピーカーとスピーカーの間隔を広げていくと、ステレオの音場感はどんどん広がっていきます。オーケストラでいえば、コンサートホールやステージ自体が広がっていく感覚ですね。ただし、スピーカーの間隔を広げすぎると、今度は「中抜け」といって真ん中の音がスカスカになってしまう現象が起こります。たとえば、ヴォーカルが真ん中にきちっと定位するはずが、センターの音が希薄になって左右いっぱいに広がってしまうという具合です。私はよく「口が大きくなっちゃった」と表現するのですが、間隔がスピーカーの指向性の限界を超えてしまうわけです。

反対にスピーカーの間隔を狭めすぎると、音の広がり感がなくなり、音像もセンター方向にキュッと縮こまってしまう。モノラル録音のように左右均質になってしまいます。トライアンドエラーを繰り返しながら、気持ちのいい広がり感とクッキリした音像感のバランスがとれる三角形を探しましょう。

配置が決まったら、次はスピーカーの角度を調整します。基本は、三角形の頂角に当たるリスニングポジションに向けて、スピーカーをほんの少し内側に振るだけです。高音の指向性をリスナーに向けてあげれば、スピーカーの間隔を多少広く取って音場感を出した場合でも、センターが希薄になるのを防ぐことができるはずです。この「三角形＋スピーカーの内振り」は、提唱者の名前をとって「オルソン方式」として、かなり昔から知られています。

これを逆に応用することもできます。きっちりした音像感や定位感はそれほどないものの、音場的に豊かさのある作品をバックグラウンド・ミュージック的に楽しみたい場合は、スピーカーの間隔を少し狭くした上で、向きを外側に振ってみましょう。正確な音像という意味では曖昧になりますが、思いの外リッチな音場感が得られます。この「スピーカーの外振り」というのは、オーディオの作法としてはかなり異端ではありますが、これもまた昔から「逆オルソン方式」として知られています。

比較的小型で扱いやすいスピーカーの場合はあえて配置を固定してしまわず、状況や音源によって変えていくというのも、面白いですね。

◎作法二十二 ――スピーカーの間にはテレビを置かない

気を付けたいのは、スピーカーの周りになるべくモノを置かないことです。スピーカーから出た音が自由に飛翔できるような環境を作ってあげるのが基本となります。

床に置く場合も、ラックに乗せる場合も、本棚に収納する場合も、いずれもこの原則は変わりません。

スピーカーの音は前方向だけに出ているわけではありません。後ろにも音は回り込みます。とりわけ指向性の広い低音については、ウーファーからの直接音だけではなく、室内で反射した間接音としてリスナーの元に届くので、その途中に音の邪魔をする障害物があると、正確な音場感を得にくくなります。

スピーカーを壁際に寄せて置くのも良くありません。指向性の広い低音は、スピーカーを中心に360度全体に広がります。壁際に寄せて置くと、左右や後方に広がった低音がすぐに壁にぶち当たって反射してしまう。できれば数十センチの余裕をもって置きたいところです。

また、バスレフ型のスピーカーには、エンクロージャーの背面や側面にダクトを持つ製品もあります。このようなスピーカーを壁際ぎりぎりに置くと、せっかくの低音が遮られて意味をなさなくなってしまいます。

ことのほか多いのが、テレビの左右にスピーカーを置くというケースです。生活空

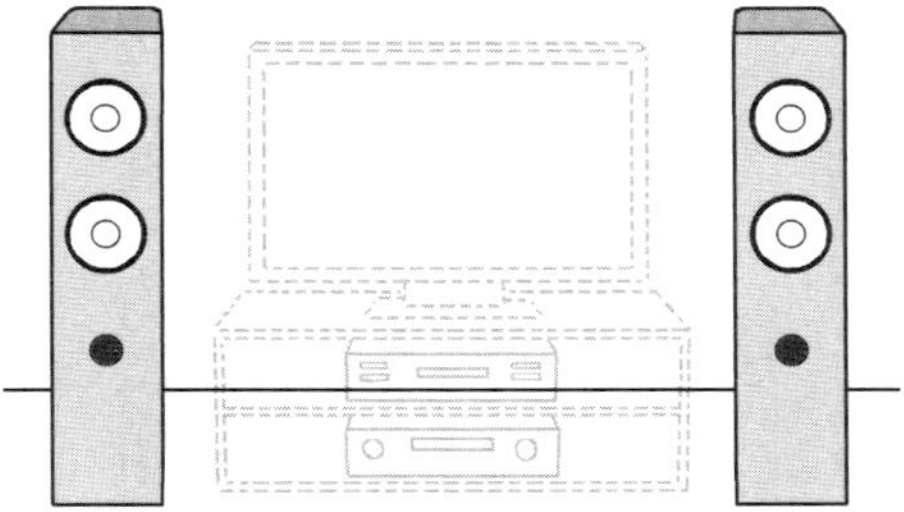

スピーカーとスピーカーの間にはテレビなど置かない

間の都合からそうなってしまうのは分かりますが、これも純粋にオーディオ的な観点からすると、まったく良くありません。スピーカーの間にあるテレビが低音を反射したり、共振したりするからです。

特にリアプロジェクションテレビは、本体のサイズが大きく、しかも内側が空洞になっているので、スピーカーの間にわざわざ質の良くない吸音材を入れているようなもの。音を濁らせ、迫力と艶を削ぐ原因になってしまいます。

スピーカーとスピーカーの間にどうしてもテレビなどを置きたいという場合は、テレビを見ていないときにはちょっと厚めの布カバーなどをかけましょう。予想外の反射をされるよりは、ある程度均質な吸音材として捉えた方が、まだ対処のしようがあるからです。うまく行けば、かえってスピーカーの低音の出方をスッキリさせてくれるかもしれません。

もうひとつの工夫としては、スピーカーをテレビより少し前に置くという手があります。これによって、中〜高音の反射は少し抑えられるかもしれません。ただし、これらはあくまでも、次善の策であることを心得てください。

同じことは、CDプレーヤーやアンプなどについてもいえます。スピーカーの間にこれらのオーディオを積み上げている人は、オーディオファンの中にも意外に多いのではないでしょうか。これはスピーカーの音質を劣化させるだけではなく、音による振動によってプレーヤーやアンプにも良くない影響を与えています。

これらの機器はまとめてラックに収納し、できることならリスニング位置のソファ周りなどにまとめたいところです。**スピーカーとスピーカーの中間地帯は、極力「何もない空間」にしてあげるのが基本です。**スピーカーの周りには、音が自由に飛翔できる余裕を作ってあげること。さもないと、あるべき音の姿はなかなか出てきてくれません。

◎作法二十三　――スピーカーの土台を固める

　スピーカーの理想の鳴り方とは、一体どんな状態でしょう。先ほども少し触れましたが、それはスピーカーが空中の1点に静止して、ユニットだけが振動している状態です。一切の共振や反射などから解放されたスピーカーは、もっともピュアな音で、ただ空気だけを振動させ続けることができる――。荒唐無稽な想像ですが、このイメージ自体は意外に有効です。

　つまり、スピーカーを設置する際には、なるべくこの状態に近づけてあげることを念頭に置く。具体的には**「きっちり安定した堅い床や台」の上に置き、さらに「本体を少し浮かせてあげる」ことです。**

　スピーカーユニットが確実に空気を揺らすためには、振動板がしっかりとバッフル板に固定されており、しかもそのバッフル板自体が揺れないことが前提条件。踏み出し板があるからこそ100m走でスタートダッシュがかけられるのと同じように、ユニットが正確無比な動作をするためには、支点となるバッフル板やキャビネットがグ

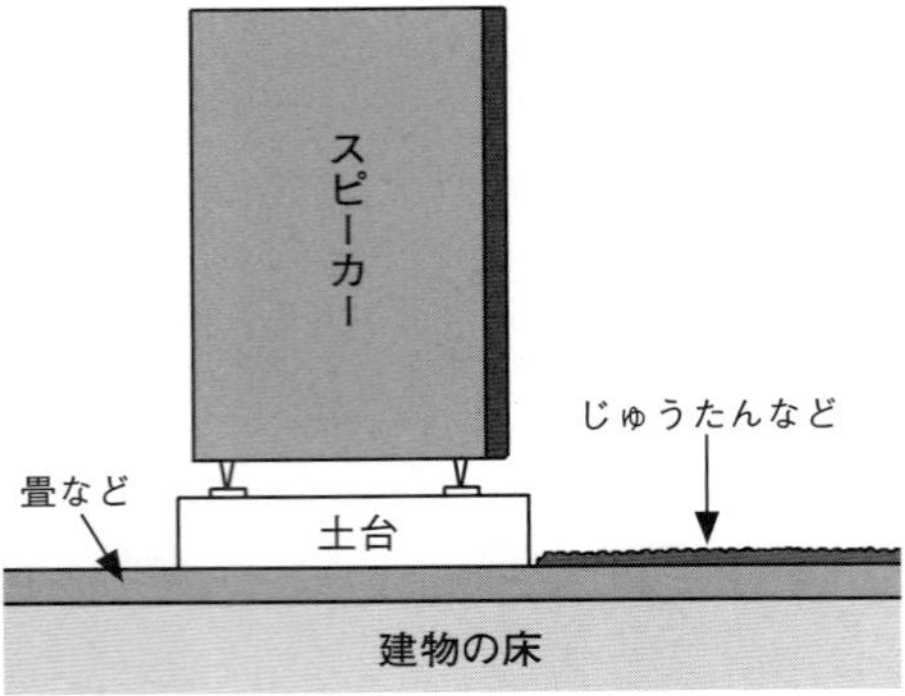

スピーカーの土台を固め（ブロックは×）、
スピーカーを浮かせるのが基本

ラついていては話になりません。

その意味で、スピーカーを不安定な土台に置くのは、音質にとって最悪です。実験してみるとすぐに分かりますが、堅くてしっかりと安定した台の上に置いた場合と、座布団のようにフワフワしたところに置いた場合では、同じスピーカーでも文字どおり天と地ほど音質が変わります。人間も足元が悪ければしっかり前には進めません。砂浜で全力疾走しようと思っても、足先がのめり込んでしまっては力が出せない。スピーカーも同じです。

実際にスピーカーを座布団の上に設置する人はいないでしょうが、部屋に厚めのじゅうたんや畳を敷いているというケースはあると思います。その場合はしっかりとしたラックや土台を置くという配慮が欠かせません。とても単純ですが、スピーカーの死命を制する作法です。

設置場所が安定していないと、音楽の情報がまるで出ません。音の解像度が下がり、低音は鈍くなって、音の切れ味もとたんに悪くなり、モチャッとした音になってしまいます。

フローリングの場合も、必ずしも堅牢とは限りません。どうも本来の実力を出し切れていないと感じた場合は、スピーカーの下に何かしっかりした土台を置いてみることをお勧めします。

ホームセンターなどで、厚みがあってしっかり身も詰まった無垢材を買ってきて敷いてみましょう。またオーディオ専門店などでは、専用のボードも販売されています。いくつか使い比べてみるといいと思います。

◎作法二十四　――床へのベタ置きは厳禁

では、堅牢な床や台の上にスピーカーを設置する場合、果たして直接置いた方がいいのか、それとも何か小さなモノで支えた方がいいのか、どちらでしょう。

結論からいうとほとんどの場合は後者。下に何かを置き、スピーカーの底面を床から持ち上げた方が、すべてのレンジですっきりとした音が得られます。

ごく稀に、低音があまり出ない小型のスピーカーなどで、床に直接置いて共鳴させた方がいい場合も、あることはあります。でもそれは、かなりの例外です。本書の作法では、スピーカーは床面から持ち上げるべしと述べておきます。

スピーカーに限らず、このようにオーディオを床から持ち上げる小さな支点のことを「インシュレーター」といいます。もともとの意味は、「絶縁材」。下から支えることで振動を逃がし、機器をより安定させる働きをしています。

インシュレーターは、オーディオアクセサリー市場において、ひとつのジャンルを形成しているほど種類が豊富です。形状も1点支持の「円錐タイプ」から面支持の「立

インシュレーターには実にさまざまなタイプがある

方体タイプ」までさまざまあり、素材も金属や木材などいろいろあります。値段に至っては数百円から数十万円まで大きな幅があります。

面白いのは、インシュレーターとの組み合わせによって、スピーカーの音色も微妙に変化することです。ただし、音質面でどのインシュレーターが優れているかというのは、あくまでもスピーカーとの相性があるので一概にはいいにくい。形状にしても素材にしても、正直、使ってみないと分からないという部分は大きいです。

お勧めしたいのは、ホームセンターなどで堅い木片を何種類か購入して、スピーカー底面の4隅に置いてみること。インシュレーターの音質効果は素材によっても違いますし、形によっても変わります。最初から高い製品を買うのではなく、ＤＩＹ的にいろんな素材を切り出してもらい、試してみるといい。そうやって自分なりのチェックリストを作り、どの素材との組み合わせが一番自分好みだったかを調べていく。そういう作業も楽しいのではないかと思います。

古典的な方法ですが、意外に使えるのが10円硬貨です。いろんなインシュレーターを試したものの納得がいかない場合、あるいは台やインシュレーターがほんの少しだけガタついてしまう場合などの補助調整役として効果があります。これまで10円硬貨以外の硬貨でもいろいろと試してみましたが、なぜか10円硬貨が一番クセがありません。たかが10円ですが、コイン1枚挟むだけで断トツに音が違うこともある。この効用は侮れません。

一方、スピーカーの下にコンクリートブロックを置いている人がいますが、これはお勧めしません。スピーカーの音質は、それを支えるインシュレーターの材質にかなり大きく影響を受けます。その際、プラスの音質効果を引き出すために何が重要かというと、木材であれ金属であれ、素材として緻密だということです。その点、内部が粗いコンクリートブロックはスピーカーの音自体を粗くしてしまう。レンガを使う人もいますが、それなら身のしっかり詰まった堅い木材の方がいいでしょう。

◎作法二十五　――手軽ながら効果絶大の「フェルティング」

とても手軽で知っておくと便利なテクニックが「フェルティング」です。これは私が名付けた言葉なのですが、要するに**スピーカーと床との隙間にフェルトのような柔らかい布を入れることによって、有害な音波を吸収してしまおうという発想です。柔らかい布であればタオルなどでもOK。特にフェルトを用意する必要はありません。**

インシュレーターを使ってスピーカーを浮かせると、そこに隙間が空きますね。その隙間に音波が入り込むと、狭い空間で互いに干渉し合って「定在波」という有害な波が生まれてきやすくなります。あるいはスピーカーの底面が鳴ったとき、その音が床に反射してやはり定在波が生じるケースも多い。この波を退治すると、音が非常に

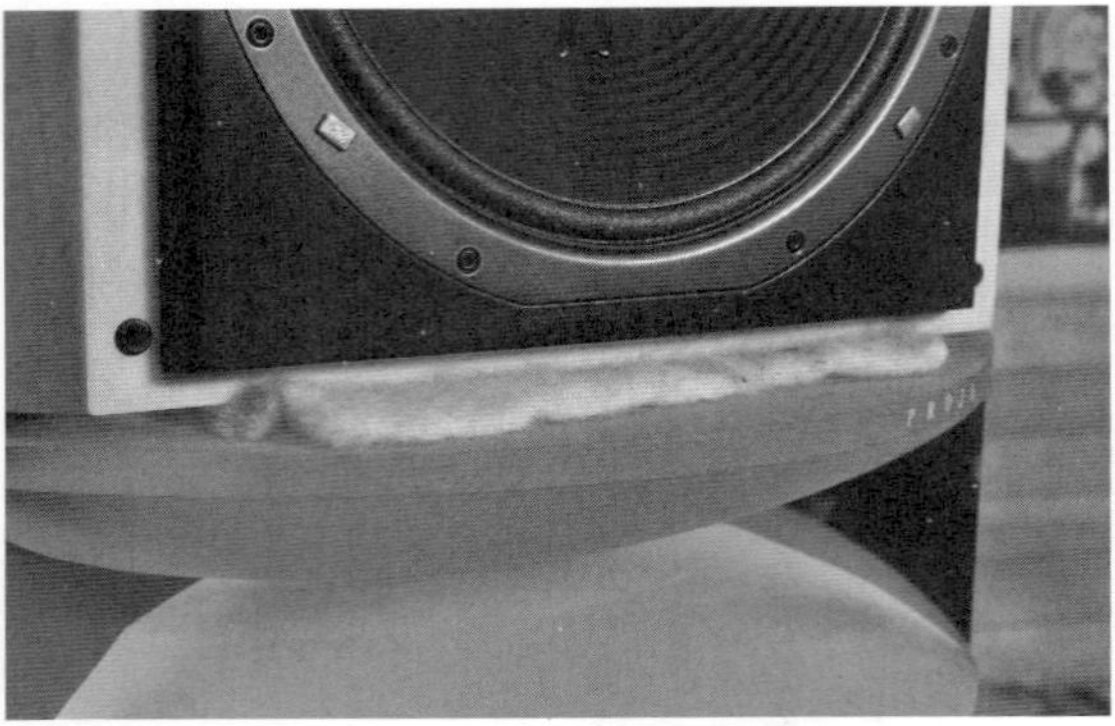

スピーカーの隙間にもフェルティング

スッキリしてきます。簡単なわりには、非常に効果の大きい手法です。

コツはまず少量のフェルトから始めて、だんだん増やしてみることです。フェルトの量が多すぎてしまうと、今度は音が痩せてくるので注意が必要です。音質改善効果が一番高いところを見極めるには、リファレンスCDを1枚用意して、常にその音質をチェックしながらやるといいでしょう。前にリファレンスCDはオーディオを購入した後にこそ活用できると述べましたが、まさにこの場合に有効です。

フェルティングについては、作法三十三で再度述べます。

◎作法二十六　――保護ネットは外してしまう

スピーカーを購入すると、ユニット部分に保護ネットが付いていますね。防塵対策や子供・ペットのイタズラ防止などいくつか用途がありますが、これは思い切って外してしまいましょう。

スピーカーを使いこなすための大原則は、ユニットから出てくる音をダイレクトに聴くこと。その点、ユニット保護用のネットは、周波数特性を乱すなど、音質的にはマイナス効果しかありません。「スピーカーの周囲には障害物を置かないようにする」という作法からも外れています。

スピーカーユニットで傷みやすいのはコーン（振動板）本体よりも、エッジと呼ばれる外周の可動部分です。特に日本では、高温多湿の環境もあって劣化が早い。外周のウレタン部分を指で押してみて弾力性がなくなっていたら、かなり劣化が進んでいるということです。

放っておくとユニットの自由な動きが阻害されて、音質劣化にもつながります。その場合はメーカーに連絡すれば、外周部だけ貼り替えてくれます。

「トルクマネジメント」も見逃せないポイントです。スピーカーユニットが、バッフル板にネジで取り付けられていることは、先ほど述べましたが、このバッフル板は常に大きな振動にさらされています。ですから一定期間経つと、ネジが自然に緩んできます。

調べてみると分かりますが、驚いてしまうくらい緩んでいることもあります。これもスピーカーユニットのエッジと同じで、放置しておくと良くありません。バッフル板とユニットの密着度が落ちて、音漏れの原因になったりもします。

定期的に6角レンジで締め直してあげるようにしましょう（この際、トルクをきつく締めすぎないよう注意してください）。

スピーカーを買った日を覚えておいて、その記念日ごとに締め直すというのも、なかなか洒落ていますね。

スピーカーの
保護ネットは
外してしまう

定期的にトルクを締める。驚くほど緩んでいることも。

◎作法二十七　――ケーブルのプラス・マイナスに注意

スピーカーとアンプを接続する際、気を付けなければいけないのは、左右のチャンネルを正しくつなぐこと、そして「極性」を正しく合わせることです。極性というのは、電気のプラス・マイナスのこと。接続ケーブル・端子では、それぞれ赤と白で示されます。**接続する際に、プラスをプラスに、マイナスをマイナスに合わせればいいのですが、意外に単純ミスが少なくありません。**

極性を逆に接続してしまうと（これを逆相接続といいます）、右と左のスピーカーでユニットの動きがプラス・マイナス逆になってしまいます。右ではコーンが前に出た瞬間に、左では同じだけ後ろに引くという具合です。これにより、何とも奇妙な音になってしまうんですね。

まず左右の低音がお互いにキャンセルし合って、低音が出なくなります。位相がぐるぐる回り、音が全面的に散らばる感じになるかと思うと、左右チャンネルが打ち消し合ってセンターの音がごっそり抜けてしまったりもします。

前章で「スピーカーの試聴時には、なるべく目の前でストレート配線してもらう」と述べましたが、実はこの逆相接続も理由のひとつでした。実際、家電量販店などでは、単純なつなぎ間違いがそのままになっているというケースも少なくないのです。

最初は戸惑うかもしれませんが、何回か経験すると「あ、これはおかしい。逆相だな」と分かるようになります。オーディオ生活では、機器のレイアウトを変えたり新品を購入したりするたびに、必ず接続作業が生じます。自分がミスした際にすぐピンとくるように、きちんとしたステレオ感のある正相の音と、無秩序に散らばった逆相接続の音は、耳の訓練としても知っておくといいでしょう。

スピーカー端子の話になった流れで、話はちょっと専門的になりますが、「ダブル(ツイン、バイともいいます)ワイヤリング」についても少し触れておきましょう。これはもともとヨーロッパの発祥で、文字どおり入力系統をふたつ持ったスピーカーのことです。

従来のシングルワイヤースピーカーでは、アンプから入るのは1系統だけで、それが内部の「ネットワーク回路」で各ユニットに分けられていました。一方、ダブルワイヤーでは、高域（ツィーター）用と低音（ウーファー）用でそれぞれ端子が独立しています。実際、ほとんどの場合、ダブルの方が音はいい。解像度が高まり、周波数レンジが広がり、音楽の見通しが良くなります。

スピーカー内部には磁気回路がありますが、アンプによって駆動された際、この回路部分が発電し、ケーブルを通ってアンプに戻ってしまうという現象が生じる。これを逆起電力といいます。中でも厄介なのがウーファーから生じる大きな電力で、これがアンプに逆流した後に今度はツィーターに入り、高音を歪ませます。それを防ぐために低域と高域の入力系統を完全に切り分けたのが、ダブルワイヤーです。

アンプについては出力を2系統持つ製品もあるし、また1本のスピーカーケーブルを分岐させてつなぐことも可能です。最近では、ヨーロッパの小型スピーカーはほとんどといっていいほどダブルワイヤリングを採用しています。

Column ②

オーディオ用・AV用ウーファーの違い

部屋のスペースの都合で小さめのスピーカーしか置けない場合、どうしても低音が不足しがちになります。そんなときは、「スーパーウーファー」という低音に特化したスピーカーをもう1本追加してあげると、音楽にグッと厚みと伸びやかさが加わります。

低音域の質が高まると中域〜高域の表現力も充実してきます。たとえば、モダンジャズのようにベースラインがくっきりした音楽はもちろん、編成的にはさほど低音が目立たないクラシックの室内楽曲にも効果があります。まず低音域に余裕が出ることで“倍音効果”が生じ、さらに聴覚全域がブーストアップ（底上げ）される効果もあるようです。

この際、注意したいのは、2chオーディオ用とAVシステムの「5.1chサラウンド」ではウーファーの役割がかなり違うということです。映画館的効果を目指す5.1chサラウンドでは、ウーファーの音色も「ドンドン」と派手め。比較的ルーズで、中域まで広がりのある音作りが基本です。一方、ピュアオーディオ用ウーファーはよりタイトな感じ。ウーファーだけを鳴らしても聴き取れないことがあるほど、きちんと低域に限定された音作りです。メーカー側もほとんどの場合、オーディオ用とAV用で別の製品を企画・開発しています。

第三章　プレーヤーの作法

◎作法二十八　――プレーヤーに振動を与えない

本章では、ＣＤプレーヤーを使いこなすための作法を述べます。大原則は、前章で述べたスピーカーの作法と同じ。すなわち「オーディオにとっては振動こそが大敵」ということです。

デジタルオーディオの時代に入ってこの方、残念ながらこの鉄則は少々軽視されてきたきらいがあります。おそらくＣＤというメディアが登場した際に、「振動によって多少の読み取りエラーが生じても、デジタル技術で訂正できる」というセールスポイントが喧伝され過ぎたのでしょう。

その点、アナログの時代は分かりやすかった。何しろレコードプレーヤーの場合、盤上の溝に沿って針が動いていく様子を目で確認することができました。信号を読み取る作業がいかに繊細か、みんな皮膚感覚で知っていたわけです。スピーカーから出た音波がカートリッジの針を微妙に揺らしてしまい、ある種のノイズを発生させるケースがよくありました。盤面から読み取られた正常な振動に、空気を通じてフィードバックされた再生音が乗り、一種のループのような状態が生じてしまう。スピーカーの前でマイクを使うと音が大きく歪みますが、あれに似たハウリング現象が生じるわけです。

　このようにレコード再生というのは、外部要因の影響を受けやすいものでした。だからこそアナログ時代のオーディオファンは、プレーヤーはまずリジット（硬質）な台の上に置いて、インシュレーターの力も借り、とにかく振動の影響を最小限に抑えるという常識を、体感的に身に付けていたものです。

　いまのデジタルオーディオについても、実はこれとまったく同じことがいえます。**音質を劣化させる最大の要因は、やはり振動なのです。私は、ＣＤはアナログレコード以上にその影響を受けやすいとすら考えています。**

　ＣＤプレーヤーには、メディアドライブが内蔵されています。高速で回転しているＣＤの記録面に対して、「ピックアップ」と呼ばれる光学パーツからレーザー光を照射し、その反射光の有無によって、デジタル情報を読み取る。光が返ってくれば「1」、こなければ「0」になるわけです。ミクロン単位の精度が要求されるため、ピックアップがほんの少し揺れただけで、読み取りエラーに直結してしまいます。

そのためCDは、「エラー訂正」や「データ補間」という機能を備えています。これは何らかの理由でデータが欠落してしまった際、前後から類推して補うという機能です。「001、001、001……」という連続的な信号の中で、1カ所だけ「00※」という欠落部分があったとします。そうすると「抜けている※の部分はきっと1だろう」と判定して、データを補間してくれる――実際にはもっと複雑なアルゴリズム処理をしているのですが、単純化すると、そういうことになります。

これぞまさしく、デジタルならではのメリット。実際、このエラー訂正・補間機能のおかげで、どんな条件下でもそこそこ一定の音が出るようになりました。アナログレコードに比べて周波数帯域が広い、揺れが少ない、各帯域のセパレーション（分離）がしっかりしている。全体の底上げ効果は、あったといえます。

◎作法二十九　――デジタルはアナログ以上に〝繊細〟と心得る

　CDプレーヤーに、いくらエラー訂正・補間の機能があるといっても、やはり振動の影響というのはなくなりません。シビアに聴き込まなくても、対策をしている環境とそうでない環境とでは、音質にはっきりと差が出ます。

　それは、おそらくデジタルメディアの特性として、非常に小さな信号の揺らぎまで、忠実に反映してしまうからだと思います。アナログレコードは、人が体感できるレベルの振動に対しては敏感でしたが、逆に微小な揺れを吸収できる「のり代《しろ》」もありました。一方のCDは、もともと記録感度が高いために、微小な揺れによる信号の乱れまで感知し、それが音に表れてしまうのでしょう。

　さらに音質を下げる要因として、エラー訂正による電気エネルギーのロスも指摘されています。読み取りミスが生じると、ドライブの中で「サーボ」という補正機能が作動します。フォーカスや回転数、コースなどを監視し、ずれが生じた際にはピックアップを「もう少し先へ」とか「気持ち右に」というように制御し、信号を読み取りやすくするわけです。この際、ピックアップを動かすために少なからず電流を使います。つまり、本来なら信号再生に使われるべきリソースの一部分が削がれて、結果的に音が「痩せて」しまうということです。

人間の耳はそこまで微妙な違いも察知するほどの能力が備わっているのです。エラー訂正や補間によって一定レベルはクリアできますが、それよりさらに上のレベル——音楽の微妙な情感や音の艶について、耳は無意識にちょっとした音の差異まで識別してしまうのです。

ここでまた、「オーディオは人と思って付き合う」という、先の教訓を思い出してみましょう。

ＣＤの記録面を拡大すると、きわめて細かい同心円状に分割されていることが分かります。この1本1本の列を「トラック」といい、その上に「ピット」という無数の孔があります（このピットの有無によって「0」「1」信号を記述していることは、先ほど述べました）。ピュアな音声信号を読み出すためには、このトラックを赤外線レーザーで正確になぞってあげる必要がある。これは、いわば地面の上に引かれた細

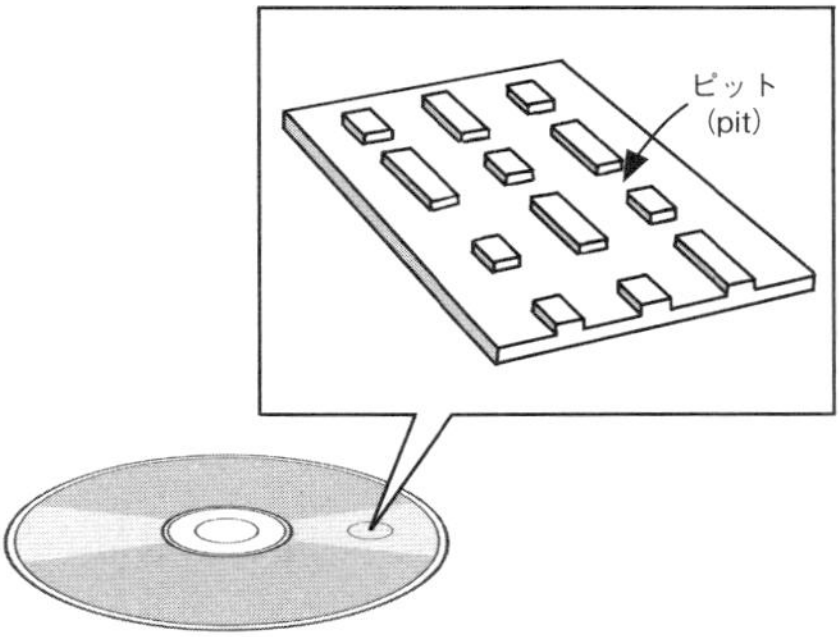

ＣＤの記録面にある「ピット」の有無で「０」「１」信号を記述

いラインの上を踏み外すことなく走る競技のようなものです。その際、地面自体が揺れていてはちゃんとラインに沿って走れない、どうしても左右にはみ出してしまいますね。

ＣＤプレーヤーについても、基本は同じ。ディスクからピュアな信号を取り出すためには、揺れに対するケアが必要不可欠なのです。外部からの振動はもちろん、プレーヤー内にはＣＤを回転させるドライブが内蔵されているので、内部振動をどう抑えるかということも大事な課題になってきます。

私の経験からしても、ＣＤプレーヤーにかかる振動をうまく逃がしたり、吸収した

りする工夫をすれば、音質はガラリと変わります。まずサウンドがクリアになって、解像度が上がり、音楽のディテールがくっきり見渡せるようになる。それまでボヤッとしていた低音もシャキッとなって、一気に足腰がしっかりしてくる感じがします。そのくらい、デジタルオーディオというのはセンシティブだということです。アナログ以上に使いこなしのテクニックを生かせる余地が大きいということでもあります。ちょっとした作法を知るだけで、驚くほど音を向上させることができます。

◎作法三十 ――いま狙い目は10万円台前半のモデル

次にプレーヤー選びのポイントです。

単体のCDプレーヤーは、しばらくAV関連機器に押され気味で、品揃えについてそれほど充実しているとはいえませんでした。しかしここ数年、再び選択肢が増えつつあります。大きな理由は、中高年の間で2チャンネルのオーディオ人気が盛り返してきたこと。要は、従来のシステムコンポでは飽きたらなくなった層が多くなり、オーディオメーカー側もそれに合わせて、比較的求めやすい価格帯の単体プレーヤーを競って出すようになってきたのです。

実力と値段のバランスで考えると、いま狙い目は10万円台前半のモデルでしょうか。

日本だけでなく海外でも、多くのメーカーがこの価格帯を充実させてきているからです。ハイエンドなマニア層ではなく、むしろ本書の読者のような「音楽愛好家」を意識した、シンプルで作りのいいプレーヤーがたくさん出ています。

特に最近は、イタリア、イギリス、フランスなどのヨーロッパのメーカーにその傾向が強いですね。もちろん日本にも輸入されていますから、オーディオショップに足を運べば、個性的なモデルに出会えるはずです。

ただし、一般論として、このクラスの海外製ＣＤプレーヤーは、日本製のものに比べて基本部分の作りが薄っぺらいことが多い。内部の振動対策もやはり日本製モデルの方がきめ細かく作り込まれています。これは現実として認識しておいた方がいいでしょう。言葉を換えれば、海外製ＣＤプレーヤーはその分だけ「伸び代《しろ》」が大きい。

ユーザーの側で振動対策を講じると、目に見えて音質が向上したりもします。それもまたオーディオの楽しみのひとつですね。

選ぶときにもっとも重視すべきなのは、何といっても自分の耳。試聴を重ね、自分が選んだスピーカーとの相性が一番いいプレーヤーを見つけることです。

その上で注意したいのが再生フォーマット。プレーヤーには、再生できるディスクの種類に応じていくつかの種類があります。具体的には、CDのみ再生するスタンダードタイプ、CDに加え「SACD（スーパーオーディオCD）」という高音質ディスクも再生できる兼用タイプ、DVDビデオやDVDオーディオにも対応した映像も再生できる「ユニバーサルプレーヤー」などです。

本書の趣旨では、DVDなどの映像系は特に気にする必要はないと思いますが、マルチチャンネルを楽しめるSACDについては、極力対応したモデルを選んでもらいたいところです。もっとも最近では、5万円前後の比較的安いプレーヤーでもSACD対応タイプが主流になっています（SACDの楽しみについては、第六章で詳しく説明します）。

さらにもうひとつ。意外に見過ごされがちなのが「重さ」という観点です。昨今のCDプレーヤーは、電源や回路基盤などの集積化が進んだこともあって、質量がかなり軽くなっています。筐体にコストをかけたハイエンド機器はともかく、普及～ミドルレンジのモデルでは、特にその傾向が強まっています。

とはいえ、振動防止という観点から見た場合「自重」というのは意外に重要です。ガタつきを避けるという意味でも、なるべく重く安定性のあるタイプの方が望ましい(ちなみにまったく同じ理由から、アンプにも同じことがいえます)。一番分かりやすいのは自分の手で持ち上げてみることです。**ふたつのプレーヤーの間で迷った場合、他の条件が同じであるならば、重たい方を選ぶ。**これも作法として憶えておくといいでしょう。

数十万～100万円もするようなハイエンドモデルとは比べるべくもありませんが、5万～10万円のエントランスモデルでも、後述するようにセッティングや電源の取り方に気を使うと効果的で、十分にいい音で鳴らせます。

◎作法三十一　――プレーヤーも堅い土台の上に置く

ＣＤプレーヤーを振動させる要因はさまざまです。まず単に、外からの要因によって揺らされるケース、たとえばスピーカーから出た音波が筐体にぶつかって、振動を発生させることも多々あります。また再生ディスクが少し反っているだけでも、回転させることによってブレが生じ、振動は生まれます。

では、そういった振動を抑えるためには具体的に何が必要か。まず大前提となるのはしっかりした台の上に設置することです。

安定性の悪いところにオーディオ機器を置くのは、軟らかい地盤の上に家を建てるようなもの。特にＣＤプレーヤーの場合は、内側にメディアドライブを抱えています。常にモーターで駆動させている以上は、振動係数を完全にゼロにすることは原理的に難しい。その振動は内側から床へと伝わり、もう一度本体へと戻ってきます。まさかプレーヤーを中空に浮かせるわけにもいきませんから、これはもう致し方ないことです。

SoftBank Creative

ソフトバンク クリエイティブ

新刊案内 2008 11

※書名・価格は変更になる場合があります。ご了承下さい。

ソフトバンク クリエイティブ株式会社　東京都港区赤坂4－13－13　http://www.sbcr.jp/　表示価格はすべて税込価格

単行本　**読めばロシアが見えてくる!**

アメーバブログで大人気! ロシア人の夫・ワーニャとの毎日を綴ったイラストエッセイ。良くも悪くもとことんマイペースの夫と、つっこみまくる関西出身の嫁。そんな二人の暮らしぶりを通して、ロシアのお国柄や文化がわかります。

ハラショーな日々
のんきなロシア人の夫・ワーニャとの暮らし

イワノワ・ケイコ［著］

A5判／並製／定価1,260円 ISBN 978-4-7973-4960-3

単行本　**行けば好きになる。行くたびに発見がある。**

もっと気軽に世界を旅したい人のための、都市別旅行ガイドの新シリーズが誕生!　食、買、癒、遊といった旅の基本欲求に加え、異文化への好奇心を持った旅行者のために、カルチャー紹介ページを多数盛り込みました。

ポップ★トリップ バンコク

清水千佳［著］　萬田康文［撮影］

A5変判／並製／定価1,680円 ISBN 978-4-7973-4968-9

単行本

仕事の効率が10倍アップする知的生産術!

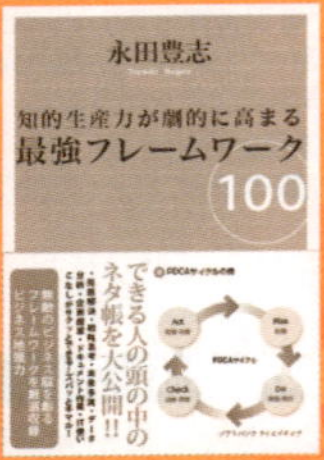

本書には、世界のビジネスシーンで認められたビジネス・フレームワーク(思考の枠組み)が100個収録されている。本書に収録されたフレームワークを上手に活用することで、あなたも勝ち組ナレッジワーカーへ変身できる。

知的生産力が劇的に高まる最強フレームワーク100

永田豊志[著]

A5判/並製/定価1,575円 ISBN 978-4-7973-5093-7

単行本

パーソナリティが組織の成功を決定する!

「建築家」と「後援者」は対立する。作業の円滑化には「外交官」を利用せよ——14タイプに分類されるパーソナリティを知ることで、個人と組織の力は飛躍的に高まる! タイプ判定のオンラインテストが受けられる専用IDコード付き。

パーソナリティ・コード
最強のチームをつくる秘密の力

トラヴィス・ブラッドベリー[著] 桃井緑美子[訳]

四六判/並製/定価1,575円 ISBN 978-4-7973-4757-9

単行本

5つの柱で、揺るぎない豊かさを!

DVD『ザ・シークレット』のナイスガイが、豊かさを引き寄せる方法を伝授! 人生で本当に成功するためには5つの柱が必要。その5つの柱をしっかり立てるための方法を、著者独自の体験、ノウハウ、気づきで伝えます。

豊かさを引き寄せるシークレット
お金、人間関係、心、からだ、スピリチュアル…すべてに成功する法則

ジェームズ・アーサー・レイ[著] 住友 進[訳]

四六判/上製/定価2,310円 ISBN 978-4-7973-4218-5

土台がグラグラしていては支点が定まらず、揺れが増長されて、読み取り精度が下がってしまいます。だからこそ、完全に水平でガタつきのない、しっかりとした台を用意することが重要です。

さらに土台との共振を防ぐインシュレーターも併用した方が、大抵の場合、いい結果が得られます。つまりCDプレーヤーの使いこなしでは、「どんな材質の土台を選ぶか」と「どういうインシュレーターを置くか」という、ふたつの作戦があるのです。もちろんその組み合わせによって、音も変わってきます。

どちらも第1の目的は、共振を防ぎベーシックな音質を上げることにありますが、さらには組み合わせによる音の違いを演出するという楽しみも出てくると思います。つまり、自分の求める音を引き出すための土台＋インシュレーター選び——これもまた、ひとつ魅力的なオーディオ作法だと思います。

実際、いろんな台を取っ替え引っ替え試してみると、音は驚くほど変わるものです。手軽で効果的なのは、やはり市販のオーディオラックを利用することですが、これも材木系なのかスチール系なのかによって違ってきますし、どのような構造をしているかも大きく影響します。いずれにしても重要なのは、リジットで剛性の高い構造になっていることです。

わが家では長年、ヤマハの「GTラック」シリーズを愛用しています。天板・底板・側板をそれぞれ約5センチ厚の合板で組み上げ、本体の重みと隙間のない構造によって音響効果を発揮するオーディオラックの定番です。

さらに、私独自の「2×4ラック」というのも作りました。これは知り合いの住宅メーカーに依頼して、文字どおりツーバイフォー住宅用の木材で作ってもらったもの。素材はカナダ産のメープル材です。

ふたつのラックの上に同じCDプレーヤーを置いて聴き比べると、面白いように音が変わります。「GTラック」はどちらかというと標準的でワイドレンジな感じ。一方の「2×4ラック」は非常に艶っぽい、グロッシーな（光沢のある）ニュアンスが加わって、弦楽器などはキラキラと光ってくる印象があります。

これは良し悪しではなく、各ラックが持っている固有の「音の因子」がプレーヤーと共鳴しているということです。プレーヤーが発した振動が台に伝わり、ある因子によって共振を起こし、フィードバックして、それが基盤やピックアップなどに何らかの影響を与え、音の違いが生じる。そんな見えざる経路があるはずです。つまり、振動を防ぐという主目的に加えて、ラックの選択によって自分好みのサウンドを作っていく楽しみがあるということです。

先ほども述べたように、デジタルオーディオでは、微小な違いがビビッドに音に反映します。「メープル材ではなく、他の木材ならどうだろう」などと違いを調べたり、あるいは合板ラックの上にメープル材を1枚敷いて、ハイブリッドを試してみたり、材質や組み合わせによって音の方向性を探っていくのも、とても高級な使いこなし術だと思います。

ちなみにラックの質を確かめるのに、一番プリミティブで有効なのは「叩いてみる」ことです。コツコツという硬い音がしたらとりあえず合格ですが、ボヨンと反響するものはだめ。中身がスカスカな場合もありますので、注意が必要です。

◎作法三十二　——プレーヤーもベタ置き厳禁

　ＣＤプレーヤーは、ラックの上に直接載せるのではなく、インシュレーターの上に載せるのも非常に有効です。もちろんケース・バイ・ケースですが、私の経験からすると、大抵の場合はインシュレーターを用いた方が音が良くなります。音楽としての情報量が増え、よりしなやかで無理のないサウンドが得られることが多いです。

　プレーヤーの脚の部分は、基本的に取り外しできるようになっています。もちろん、ハイエンドクラスになると、この部分も「純正のインシュレーター」として素材・設計ともきちんと吟味がされていますが、普及価格帯のプレーヤーでは、コスト的にそこまで手が回らない。中には、かなりチープな素材で作られている脚もあります。そういう場合は購入後、すぐに取り外してしまい、複数のインシュレーターを試してみるといいでしょう。

　オーディオ用のインシュレーターは数多く市販されていますが、まずは東急ハンズなどで「サイコロ状の木材」を買ってみて、いくつか試してみるといいでしょう。すぐに最適な結果が得られるかどうかは別として、少なくとも音の変化は実感できるはずです。

それぞれの木材はそれぞれ違う振動係数を持っています。「この材質は少し硬い音がする」とか、「こっちの種類に替えると、音に温かみが出る」というふうに試していけば、ちょっとしたコストで音に対する経験値を高めることにもつながります。同じように金属を用いてみる手はあります。ゴムの塊のように余計な振動を加えるものは不向きです。

もちろん、市販のインシュレーターを利用するのもいいでしょう。値段的には、数千円、数万円から数十万円まで、さまざまなタイプが売られています。

実際に使ってみると分かりますが、これは手製のインシュレーター以上にサウンドを激変させます。金属、材木、コルクなどの種類によっても異なるし、同じ金属系でも、アルミ、チタン、鉄など、素材ごとに固有の音があります。形状も、円筒型、キューブ型から逆三角錐型までさまざまです。

これについても、このタイプがベストという正解は残念ながらないので、それぞれのユーザーが自分の環境で試してみるしかありません。各ＣＤプレーヤーの持っている振動係数とインシュレーターの形状・素材との相性は、やはり実際に使ってみなければ分からないのです。

私がこれまで試してみたインシュレーターの数も、優に１００個は下らないと思います。ちなみに愛用しているＬＩＮＮというスコットランドのメーカーのＣＤプレーヤー『ＣＤ12』の下には、デュポン社製の人工大理石を敷いています。これは本来システムキッチンの天板用に作られた高級人工素材で、非常にリジットで、変な振動がまったくない。いろいろ試してみた結果、『ＣＤ12』との組み合わせではこれがもっとも効果的でした。

インシュレーターの置き方では、「４隅にひとつずつ」がもっともオーソドックスですが、その他に「４隅プラス、ドライブの真下」という設置方法もあります。これはＣＤが回転するメカニズムの直下に置くことで、より安定度を高めるという発想です。また、３個を三角状に置く人もいます。やはり、それぞれ音が相当違いますから、いろいろ試してみるといいですね。

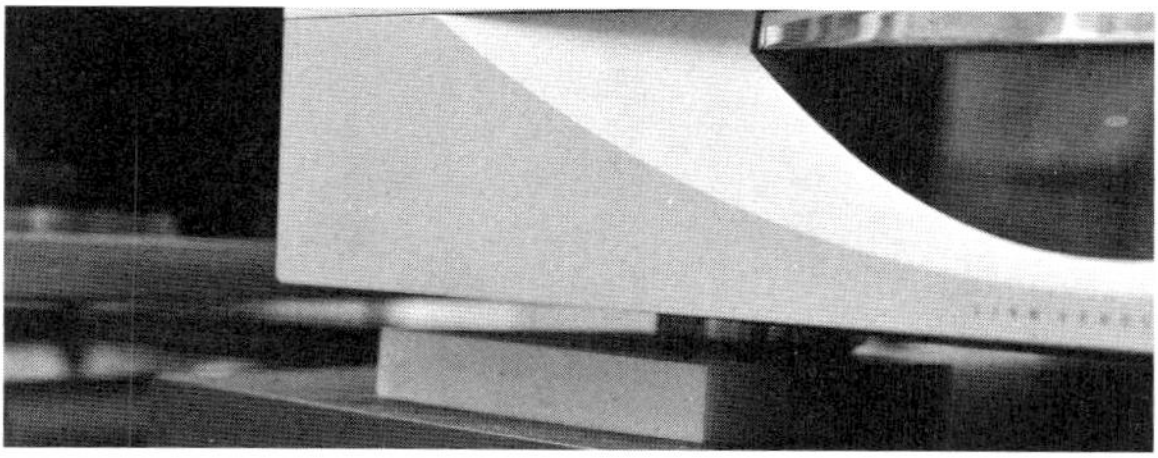

著者愛用 LINN『CD12』の下に敷くデュポン社製の人工大理石

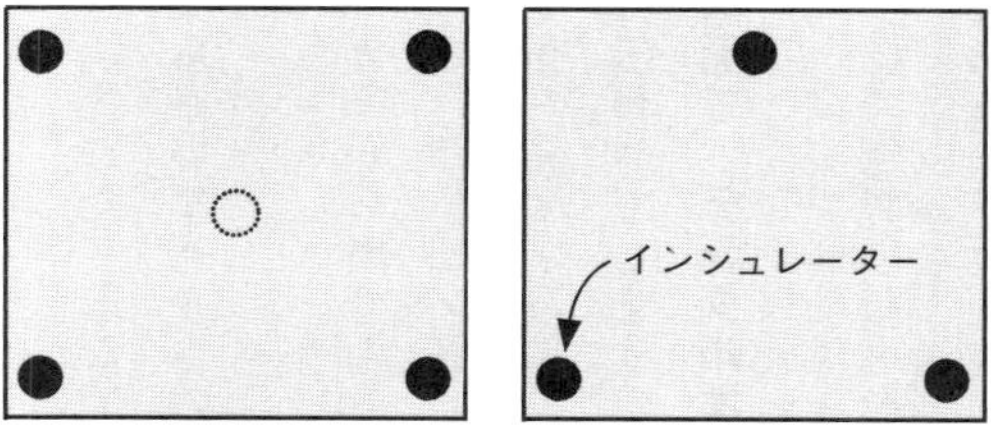

４点支持（プラス、
ドライブの真下）

３点支持

インシュレーターの置き方（４隅に置くのがオーソドックスだが、３つだけ置くケースも）

◎作法三十三　――ラックとの間にフェルティング

さて、ラックも選んだ、インシュレーターも決まった、そこで最後の決め手として有効なのが、CDプレーヤーとラックの間に柔らかいフェルトのようなものを入れてあげる「フェルティング」のテクニックです。

大きな効果はふたつあります。まず、スピーカーから出てくる音波がラックに当たり、さらにそれがプレーヤーの底面にぶつかって、音がピンポン状態で行き来する定在波現象を防ぐこと。もうひとつは、ドライブから発生する振動が下のシャシー板を揺らし、そこから空気振動が発生してラックに伝わってしまうのを防ぐことです。

フェルティングというのは、ほぼあらゆる場面で、デジタルオーディオっぽい硬さや刺々しさ、クセっぽさをやわらげてくれます。ギスギスしていた音がしなやかになり、バランスが良くなって、耳に優しくなります。実は、私が雑誌の企画などで一般家庭に出かけた際、まずやるのがこれです。要らないタオルなどを出してきてもらって、「ちょっとこの隙間に入れてみましょう」と提案。そして、ビフォー・アフター

CD プレーヤーの下にフェルトを敷き振動を防止

で聴き比べると、みなさん「こんなに違うんですか！」と驚かれます。

ただし、何事もそうですが、やりすぎは禁物です。フェルトというのは、あらゆるところに効く「うま味調料」のようなものですが、やりすぎると美味しくない。水も、まったく混じりけのない純水というのは、意外に美味しくありません。むしろ適度なミネラル分があった方が美味しい。

音についても同じで、フェルトを入れて徹底的に空気振動を吸収し過ぎると、味も素っ気もない音色になってしまうことがあります。隙間いっぱいフェルトを詰めると、音が痩せ過ぎてしまうことが多いのです。これもまた、あれこれ試しながら最適なポイントと量をつかんでいくのがいいと思います。

フェルティングに使う素材は、タイルでも布でも、音を吸うものであれば基本的には何でも構いません。ただ、薄い素材よりは、ある程度の厚みがあって、しかも柔らかい素材の方が適しています。ハンカチよりはタオルのように、柔らかくてモコモコした布の方がしっかりと空気振動を吸ってくれます。

また、稀にアンプの上にプレーヤーをじかに重ね置きしている人がいますが、これはお勧めしません。まず、アンプの天板自身がラックなどに比べればはるかにプア（強度がない）ですから、「しっかりした土台に載せるべし」という原則に反しています。もちろん安定性もよくありません。またアンプ自体の側板やカバーが振動しているというケースも、多々あります。そのトランスの振動が、今度はCDプレーヤーに伝わって、好ましくない共振を引き起こします。

もしスペースの都合上、どうしても重ねなければいけない場合は、当然インシュレーターを置くべきでしょう。しかし、それにしても、土台がしっかりしていない限り、効果はあまり期待できません。

やはりアンプとプレーヤーは、ラックの棚にそれぞれ分けて収納するか、横に並べて置くのがいいでしょう。その場合、お互い共振しない距離をきちんと取り、それぞれで最適な振動対策を取るのが基本です。

ふたつを横に並べて置く場合には、間にフェルティングをするのもお勧めです。お互いの振動をうまくキャンセルできる可能性があります。

また細かいことですが、CDプレーヤーはある程度使っていると、必ずレンズに埃がたまり、レンズ透過率が減ってきます。レンズの曇りによる音質劣化は、大きく音飛びでもしない限り、意外に気付きにくいもの。しかし、徐々にではあっても、透過率の低下は確実に音質に悪影響するので、定期的にクリーニングは欠かせません。

この際に効果的なのが、レンズクリーナーです。見た目は普通のCDと同じ形状をしています。これは直接レンズに触れるのではなく、風圧で埃を吹き飛ばすというものです。トラッキングエラーなどがひどくなった場合には、レンズ自身を直接クリーニングするという方法も、なくはありません。ただしこれは、慣れない人がやるとレンズを傷めてしまう可能性があります。原則的には、まずディスク型のレンズクリーナーを使うのがいいでしょう。

◎作法三十四　――CDは必ず「2度がけ」する

次は先ほどのフェルティング以上に簡単で、しかも魔法のような効果を発揮する方法です。一般家庭にお邪魔して「お金も手間もかからない方法でCDの音質を良くしてみましょう」といって試すと、必ずビックリされるテクニックです。

まずは1度CDを入れて再生し、「何もしなければ、こんな音です」と確認します。そしてイジェクトボタンでCDを取り出し、再度CDをインサートして「プレイ」ボタンを押す――必要な動作はたったこれだけです。

1回読み込んだものを取り出して、再度読み込んだだけなのに、音質は誰でも分かるほどハッキリと向上します。

1回目はいかにもCDらしい硬い音であっても、2回目はキンキンしたところがほぐれて、しなやかになり、音に豊潤さが出てくるんですね。私の感触でいうと、そのCDプレーヤーの実力を「価格の倍くらい」にアップさせてくれます。

とりわけ効果が分かりやすいのは、クラシック系です。クラシック音楽は、基本的に直接音と間接音のバランスで成り立っているものですが、「CD2度がけ」をすると直接音がよりしなやかに浮き上がってくると同時に、間接音――それまではあまり聞こえてこなかったホールトーン、場の響きや空気感などが格段に増えます。「なるほど、こういう環境で演奏されていたんだな」という想像力をリアルに掻きたててくれます。

おさらいすると、CDを1回読み込んだらイジェクトし、さらにもう1度読み込ませること。1回目の挿入では、再生の必要はありません。CDをプレーヤーに挿入すると、しばしキュルキュルという回転音があって、やがてディスプレイに収録時間や曲数などが表示されますね。その状態になったらすぐイジェクトし、再度CDをインサートしてプレイボタンを押すだけです。

イジェクトボタンを1回押し、再度プレイボタンを押す手間さえ厭わなければ、簡単かつ効果的にCDの音質を向上できます。これぞ究極の「エコ的」音質向上法といえるでしょう。ただし調子に乗って3回やると、とたんに音質は低下しますので、ご注意を。

ディスクの「2度がけ」によって音が良くなるというのは、CDだけでなくDVDやBD（ブルーレイディスク）にも当てはまる作法です。そもそも80年代半ばには、プロやマニアの間で広く知られていました。

当時、レコーディングの現場では、DAT（Digital Audio Tape＝デジタル音声テープ）というメディアがよく使われていました。DATをマスター音源にし、そこからCDを作るのが一般的でした（DATは現在でもサブとして使われています）。この際、まず1回再生しておき、1度取り出してもう1度かけると音が良くなるというのは、レコーディングエンジニアの間では経験則として知られていたことです。プロはその頃から「2度がけ法」を活用していたわけです。

この理由については、さまざまなメーカーが検証し、私たち評論家も推論を立てました。有力な説は、ある種のメモリー効果です。デジタルメディアには「この中にはこういう内容が入っています」というメタ情報が、あらかじめ書き込まれています。これを基に、1度メディアをスキャンしておくことで、読み取りの精度が高まったり、エラーの出現率が抑えられるのではないかという仮説です。いわば、ぶっつけ本番だとプレーヤーが「慌てふためいて」対応し切れず、本来の力を出し切れない。しかし、半導体メモリーがすでに経験した情報であれば、信号処理にも余裕が出て、より良いパフォーマンスが出てくるのではないか、と。

また、これはディスクメーカーの技術者から直接聞いた話ですが、レーザー光を当てたポリカーボネイトが微妙に変質することで、2度目以降は透過率が上がって、より光の通りが良くなるのではないかという仮説もあったようです。このエンジニアによれば、仮説の当否はともかく、実際に「CD2度がけ」によって音質が向上するという現象は100通り近くも検証・認識したとのことです。

iPodなどの愛好家にとって「2度がけ法」は、CDからパソコンのHDDなどに楽曲を取り込む際にも効果的です。CDをPCに読み込んだら、そのまますぐ取り込むのではなく、同じ要領で1度イジェクトして再度インサートする。

1回目と2回目では音のキャラクターがかなり違ってきますので、ぜひお試しください。

◎作法三十五　――「トランス」でノイズを取り除く

「ＣＤトランス」というアクセサリーがあります。これはＣＤプレーヤーとアンプの間に介在させて使うもので、数万円で手に入ります。ＣＤプレーヤーから出力されたアナログ信号から、余計なノイズ成分を取り除き、よりピュアなアナログ信号にしてアンプへ渡す、いわば〝濾過器〟です。

ノイズ（おもに低域や可聴帯域を超える高域デジタルノイズ成分）が遮断されることによって音がまろやかになって、潑剌としてくる効果があります。**ＣＤプレーヤーの音がシャキシャキしすぎだなと感じた際に、トランスを通すことで音がしなやかになり、人肌感覚が出てきたことがありました。**

ただし、これはすべてのケースに当てはまるとはいえないようです。製品によっても違うし、プレーヤーとの相性、さらにアンプ、スピーカーに至る系統との相性もあります。したがって、留保なしにお勧めできるわけではありませんが、ＣＤプレーヤーの音質改善方法のひとつとして、このようなアクセサリーが出ていることを知って

著者愛用のトランス『ZAIKA　ZLT-55A』

おくといいでしょう。

　ちなみによく似た名称で、「CDトランスポート」というものもありますが、これはまったく違うものです。分かりやすくいうと、CDをトレースし、そこに書き込まれたデジタル信号を読み出すことだけに特化した回転機器で、アナログ音が出ないCDプレーヤーといえます。もちろん、デジタル信号を取り出しただけでは音が出ませんから、アンプとの間にさらに「D／A（デジタル・アナログ）コンバータ」と呼ばれる変換器を挟み、デジタル信号をアナログ信号に変えたうえで入力してやる必要があります（ただし、デジタル信号を入力できるデジタルアンプの場合は、直接接続できます）。CD

トランスポートは、100万円以上するものがざらなので、本書の読者にはひとまず関係ないですね。

◎作法三十六　――デジタルケーブルならば、光よりも同軸を

CDプレーヤーからアンプに音声信号を送るには、アナログ出力とデジタル出力の2通りの方法があります。アナログ出力に必要なのが「RCAのピンケーブル（ラインケーブル）」、デジタル出力については「同軸ケーブル」と「光ケーブル」の2系統を持っているプレーヤーが一般的です。

アナログケーブルとデジタルケーブル、どちらも音質に大きく関係しますが、求められる本質は同じ。それは、CDプレーヤーから出てきた微小な信号をできるだけ損なわず「1対1」の関係でアンプに届けることです。信号が損なわれたり、レベルが低減したりするのは問題外ですが、ケーブルによって余計な色付けがされてもいけま

せん。あれほど振動に気を使って得られたピュアな信号が、アンプに届く前に、ケーブルによって損われてしまうのはあまりにももったいない。オーディオの音質を決定的に左右するだけに、ケーブル選びは慎重に行いたいものです。

接続ケーブルは、素材、形状、長さ、太さなど、実に多種多様な製品が売られています。値段も性能も千差万別ですから、一概にどれがいいとはいえません。高いケーブルがどのシステムにも必ずフィットするわけではありませんし、安いケーブルが必ずしも粗悪な音を出すとも限りません。理想をいえば自宅で心ゆくまでいろんなケーブルを試してみたいところですが、現実的にはなかなか難しいでしょう。これに関しては店員さんとよく相談し、比較的安価なものから試してみて、徐々にグレードアップさせていくのがいいと思います。

お店によっては、ケーブルの試聴をさせてくれるところもあります。私のコーナーがあるビックカメラの数店では、オーディオの試聴室にセッティングしてある機材を使って、ケーブルの聴き比べをさせてくれます。何種類かのケーブルを選んで、音がどう変わるかを確かめられるわけです。試してみると、きっと皆さんも、ケーブルの

同軸ケーブル（左）と光ケーブル（右）

影響度が予想以上に大きいことに驚かれると思います。

さて、ケーブルを選ぶためには、出力の系統を決めなければいけませんので、プレーヤーからの音声出力についてもう少し詳しく述べることにしましょう。

もっとも手軽なのは、左右各チャンネルの音声信号を、アナログのラインケーブルで出力する方法です。この場合は、ＣＤから読み出されたデジタル信号が、「Ｄ／Ａコンバータ」によってプレーヤーの中でアナログ信号に変換されているわけです。

一方、デジタル出力では前述のように、同軸ケーブルと光ケーブルというふたつの選択肢があります。ＣＤから読み出した信号をデジタルのまま出力するので、プレーヤーとは別に独立したＤ／Ａコンバータ機器、もしくはそれを内蔵したＡＶアンプが必要です。Ｄ／Ａコンバータにはデジタル信号を入力し、アナログ変換したうえでアンプに向けて出すわけです。もちろんコンバータとアンプの間はアナログのラインケーブルで結びます。

デジタル出力による音は、光ケーブルよりも同軸ケーブルの方がいいという人が多いです。光ケーブルの音は、ひと言でいうと「すっきり、さっぱり、さわやか」という感じ。クリアさという点ではいいのですが、ドッシリ感に欠け、大地を揺るがすような重低音再現はあまり得意ではありません。一方の同軸ケーブルは、リジットな安定感から幅広いレンジ感までを手堅く備えています。現状、音楽用としては同軸をお薦めしておきたいと思います。

Column ③

振動と闘うメーカーの大胆な発想

「プレーヤーに振動は大敵」という基本を本章で繰り返し述べました。では、オーディオメーカーはどんな振動対策を採っているのでしょう。ユニークなのは、エソテリック（ESOTERIC）という国内メーカーが開発した「VRDS」です。

VRDSとは「Vibration-Free Rigid Disc-Clamping System」、つまり振動を追放するためにリジットにディスクをクランプするシステムです。CDのディスク上面（レーベル面）を、CDと同じ直径12センチのクランパーで押さえ付けるのです。圧着面は、ゆるやかに傾斜しており、これによりディスクのソリや歪を矯正しています。

現在、エソテリックのCDプレーヤーは、海外でも圧倒的な評価を誇っています。実際、有名メーカーのハイエンドCDプレーヤーには、ドライブ部分にこのメカニズムを採用しているものも多いのです。

価格は安いモデルでも50万円程度、高いモデルだと200万円くらいしますので、高嶺の花ではあります。しかし、この音を聴けば、プレーヤーにとって安定的な回転がいかに重要かということがよく分かるはずです。

第四章　電源の作法

◎作法三十七　――「きれいな電気」を使う

オーディオにとっての電気（電源）とは、人にとっては生命に不可欠な水であり、エネルギー源となる食物に喩えられるでしょう。健康のためにはまずきれいな水、そしてなるべく美味しくて栄養価があり、しかもメタボになりにくい食べ物を摂ることが大切かと思いますが、オーディオにもまったく同じことがいえます。

高価なオーディオセットを組んでも、そこに与える電気がプアならポテンシャルは半分も発揮されません。反対にきちんとケアされた「きれいな電気」を用意できれば、オーディオは嬉々として、本来の素晴らしい性能を発揮してくれるはずです。

さて、「きれいな電気」といいましたが、そもそも電気の清濁とは具体的にはどのようなことでしょうか。

電気の質には、大きくふたつの要因が影響します。ひとつは「ノイズ」です。家庭内の電源系統にはいろんなノイズが飛び込んできます。それがそのまま乗ると、その電気はどんどん「汚れて」しまいます。

もうひとつは、「波形」そのものの乱れです。ご存じのように、日本における電力は東日本で50ヘルツ、西日本では60ヘルツです。ちなみにこれは明治〜大正期の電気事業黎明期、東日本の電力会社がおもにヨーロッパ系・50ヘルツの発電機、西日本の電力会社がおもにアメリカ系・60ヘルツの発電機を使っていたことの名残りです。

つまり家庭に来ている電気は、1秒間につき50回または60回という一定周期でサイン波を描きながら電圧変化を繰り返しているわけです。歪みのない理想的な波形を「正弦波交流」といいますが、このグラフの形がちょっと崩れていたり波形の傾きに乱れがあったりすると、音質に大きく影響します。

つまり**ノイズが少なく、波形も美しいのが、「きれいな電気」ということです。**とはいえ、完璧な状態の電源というのは、現実にはなかなか難しいもの。実際には「非常に汚れた電源」から「限りなく完璧に近い電源」の間に無数のステップが存在しているわけですが、少なくともなるべくきれいな電源を供給してあげるというのは、オーディオにおける根本的な作法でしょう。

電源の質がいかに音質を左右するかについては、面白いエピソードがあります。1995年、日本ビクターが「ＸＲＣＤ（Extended Resolution Compact Disc）」という高音質ＣＤを発表しました。フォーマット自体は通常のＣＤとまったく同じですが、ユニークなのはマスタリングから工場生産に至るまで、すべての制作プロセスを徹底的に見直していることです。

いわば「ＣＤでありながらＣＤの制約を超えた」高忠実度を実現しようとしている。実際、ＸＲＣＤとして制作されたタイトルとそうでないものを聴き比べてみると、同じ演奏でも別作品かと思うくらいの差があります。

マスター音源の感動をそのままパッケージするため、世界最高のマスタリング機材を導入、使用するケーブルの1本までを細かく吟味し、プレス工場における工程までも厳密に管理しています。担当エンジニアから直接聞いた話ですが、その中でも彼らが一番こだわったのが、マスタリング時の電源だったといいます。

トータルの音量・音圧などを最終的に調整するマスタリングは、ＣＤ制作の要ともいえますが、その大切な総仕上げに最高の電源を用いようと、彼らはわざと深夜や休日を狙って作業するといいます。この時間帯なら、隣接している自社工場が稼働しておらず、近隣の電源ラインに対して、膨大なノイズを発生させないからです。

そもそも世の中全体の経済活動が活発な平日の昼間は、休日・夜間に比べて電源の質が落ちます。その影響を避けるため、XRCDの制作チームは、あえて休日・深夜中心の勤務シフトを組んでいるわけです。ちなみにマスタリング本番時には、スタジオ照明やエアコンなどもすべてオフにするとか。

実際、大きな効果があったと聞きました。この逸話からも、オーディオの使いこなしにおいて電源に注意を払うことがいかに重要かがお分かりいただけると思います。

プロ用のスタジオですらこうですから、家庭に来ている電気は基本的に汚れていると考えてください。発電所から家庭まで、電気は送電線を通って何百キロという旅をして、その間にさまざまなノイズが乗っています。一番きれいなのは発電所で生まれたばかりの電気ですが、まさか水力発電所の近くに引っ越すわけにはいきません。そこで、電源使いこなしの作法がものをいうわけです。

◎作法三十八 ――「極性」をチェック

電源に関して、オーディオ機器と電源コンセントとの間で「極性」を合わせることを忘れてはなりません。

乾電池のような直流電源にプラス極とマイナス極があるのは、皆さんご存じですね。それでは、家庭用の交流電源にも、同じような意味でプラス・マイナスが存在することはご存じでしょうか。**コンセントのふたつ穴にも「正しい差し方」があるのです。**

もちろん冷蔵庫や洗濯機などの家電製品については、逆に差しても問題はありません。しかし、本格的なオーディオ機器では、内部で電源極性がきちんとコントロールされています。それを無視して使うと音質の劣化を招くのです。

見分け方はごく簡単。コンセントをよく見ると、ふたつ穴のうちひとつが少し長く、もうひとつが短くなっています。**長い方がマイナス、短い方がプラスです。**

電気は通常、電柱上にある「トランス（変圧器）」を通して家庭内に供給されます。トランスは電線を流れる6600ボルトの高圧電流を、家庭用の100ボルトあるい

コンセントの差し口
（左側の長い方がマイナス、右側の短い方がプラス）

は２００ボルトへと変換していますが、このとき、何らかの理由、たとえばトランスの絶縁状態が悪化するなどして家庭内に高圧電流が侵入すると、非常に危険なことになります。

そのため家庭内の電気系統では、一方の端を地面に着けることでいわば電流の逃げ道を作っています。このように接地（アース）されている側をマイナス、それ以外をプラスと見なすのが、国際的に定められたルールなのです（「コールド」「ホット」という言い方もあります）。

多くのオーディオ機器は、不要な電気的ノイズなどを、電源コードを通じてアースに捨てる仕組みがあります。**一定グレード以上のモデルになると、電源プラグに、プラスとマイナスが**

分かるように工夫が施されています。電源プラグのマイナスをコンセントの長い方の穴（マイナス）に差し込みます。

厄介なのは、きちんとプラス・マイナスが明示されていないケースです。ピュアオーディオより、比較的安価なオーディオ・ビジュアル系の機器にその傾向が強いようです。その際にはどうすべきか。確実なのはテスターを利用することです。ホームセンターなどで売られている電子テスターを使えば、コンセント側・機器側の電源極性を確実にチェックできます。また検電ドライバーも便利です。コンセントに差し込んで、インジケータが光るほうがプラス側です。

手元にテスターがない場合は、聴感で判断することも可能です。まずは好きなＣＤを用意してください。賑やかすぎるジャンルよりはクラシック系——たとえばヴァイオリンやピアノなど、主旋律がはっきりした楽曲がお薦めです。

機器側のプラグをとりあえず適当に差してＣＤを聴いてみます。そうやって音の特徴を憶えておき、さらにまた逆を試してみる。極性が合っている方が、伸びやかでキンキンした感じがなく、全体にバランスの整った印象を得られるはずです。逆に極性

金具の根本に矢印のある方がマイナス

が合っていない場合は、どこか音が硬くなります。チリチリと不快な感じが残ったり、何となく音に1枚ヴェールが被ったような、鈍い感じになったりもします。

CDプレーヤーとアンプどちらの極性も分からない場合には、まず音質に対してより支配的なアンプから試すといいでしょう。まずはCDプレーヤーの電極を適当に差しておき、前述の手順でアンプの極性を確認した上でCDプレーヤーに移る。そうやってオーディオ機器の特性をすべてきちんと統一すると、音楽の広がり感が一気に増すのが分かると思います。それまで不自然に固まっていた音像がほぐれ、透明感が出てきて、伸びやかになってきます。

スピーカーの場合、極性を間違えるとサウンドが明らかに変わります。左右スピーカーの中央にあるべき音像がサラウンド状に散らばり、センターが抜けて、しかも低音が薄くなる。聴けば誰でも分かると思います。プレーヤーやアンプの電源の場合は、そこまで目立った変化はありませんが、音の質は明らかに変わります。若干の訓練は必要でしょうが、慣れればそれほど難しい作業でもありません。

◎作法三十九　――オーディオ機器1台にコンセント1つが原則

アンプの背面にあるコンセントからCDプレーヤーの電源を取っている人がいますが、それは絶対にやめた方がいいです。それぞれの機器を直接コンセントにつなぎ、正しい極性で、ちゃんと電源を供給してあげるのが大原則です。

とりわけオーディオシステムの駆動係といえるアンプには、〝電源の一番美味しい部分〟をたっぷり与えてあげなければいけません。なのにアンプからプレーヤーの電源をとってしまうと、本来はアンプ自身に使われるべきエネルギーがプレーヤーに食われてしまいます。プレーヤー側から見ても、アンプから余分なノイズが入ってしまうことになります。

理想をいえば、**ひとつの機器にひとつのコンセント。アンプの背面からプレーヤーの電源を取らないのはもちろん、できれば電源タップの使用も控えたいところです。**それぞれ、独立したコンセントから電源を取るのが原則です。

とはいえ、室内のコンセントの数が足りなければやはり電源タップを使わざるをえないでしょう。そのためにオーディオ店では、音質に考慮したオーディオ用電源タップがいくつも販売されています。一般的なタップだと、それ自体がノイズを発したり、電流の波形を濁らせる要因になったりしますが、オーディオ用のタップはその対策が施されているものです。

価格は廉価なものから数万円のものまでさまざまあります。こういうときも、オーディオショップの店員さんと親しくなっておくと便利です。自分のオーディオ環境を説明し、どういうタップが合っているか相談してみるといいでしょう。

千曲精密製作所『PS-60TRB』　価格：29,400 円

オーディオ用電源タップ

オーディオ専門店の中には、医療機器用の電源タップを推奨しているところもあります。人命にかかわる医療機器はいかなる乱れも許されない。電源もきわめて厳重に管理されているため、オーディオの電源管理にも適しているのです。

電源アクセサリーについては、専門誌でもよく特集が組まれます。アクセサリーだけを扱った、その名も『Audio Accessory』（音元出版）という雑誌もあります。それほど電源アクセサリーには、はっきりと実感できる効果があるということです。

高価なメイン機器を買い換えるのは誰にとってもハードルが高い。それだけにアクセサリーや周辺機器を追加することで音のリフレッシュを図る人は、マニアにも意外に多いです。タップひとつとっても、いろいろなメーカーがさまざまな切り口で製品を発売していますから、相当選びがいがあります。

◎作法四十――台所のコンセントは共用しない

先ほど、「アンプの背面からプレーヤーの電源を取らない」とか「ひとつのコンセントからは1機器分の電源だけを取る」と述べましたが、これはそれぞれのオーディオ機器に、ノイズ源をなるべく介さず、ピュアな電気を供給するという趣旨です。

ここでもう少し視野を広げて、家庭内の電気配線について考えてみましょう。

柱上トランスから屋内に入ってきた電気は、ブレーカーを組み込んだ分電盤を通して各部屋に振り分けられます。そう考えると、ひとつの屋内は、ひとつの分電盤の圏内と見なすことができます。その中には当然ノイズ発生源となるものがあり、それらが相互に影響を与えています。

中でも大きなノイズ発生源が、電子レンジや冷蔵庫などモーターのある家電製品です。そこから発生したノイズは、家庭内の配線にフィードバックされ、同じ圏内にあるオーディオにも影響を与えます。ノイズで汚れ、波形も乱れた電気がアンプなどに入ってくれば当然、音質は低下します。

これを解決するためには、屋内にもう1系統オーディオ専用の回路を作り、他の電気製品と切り分けてしまうのがベストです。回路を独立させることによって、他の家電からの影響も最小限に抑えられますし、その圏内の電力供給も安定します。

パワーの大きなアンプなどは、瞬間的に大きな電力を消費しますが、その際、電力がたっぷり供給されていないと、他の機器の電圧が急激に下がって動作が不安定になることもあります。分電盤から専用電源を引く工事は、新築物件でなければできないわけではありません。近所の電気工事業者に相談すると、意外に簡単にやってくれることもあります。

とはいえ、そこまでやるのは難しいという人は、当然、多いはずです。その場合には、屋内の配線をチェックして、ノイズ源となり得る家電とオーディオをできるだけ離す工夫をしましょう。とりわけ、台所とオーディオルームが近くにある場合には注意が必要です。

そういう場合は、あえてオーディオの電源を少し離れた部屋から取った方がいい。もちろん台所家電とコンセントを共有するなどは論外です。本当の意味で切り分けるのは無理だとしても、いわば擬似的に別回路になるよう工夫してみましょう。それだけでも効果は出てくると思います。

注意すべきは台所家電だけではありません。昨今、最大のノイズ源になっているのはデジタル機器です。特にパソコンによるノイズが大きい。ですから、オーディオルームのコンセントからパソコンの電源を取ると、音質に対して相当なダメージを与える可能性があります。どうしても使いたい場合は、電源だけ別の部屋から引っ張ってきましょう。

薄型テレビやHDDレコーダーなどのデジタル家電についても同じです。最近ではピュアオーディオではなくAV主体のシステムを組んでいる人も多いと思いますが、それらのスイッチが入ったままの状態だと、お互いにノイズを与え合っていることになります。そもそも映像信号というのは、音声信号と違って（同期信号部分の）信号の立ち上がりと下がりが急激です。このような「パルス波形」は、オーディオにとってはノイズ源になるので、オーディオとして純粋に音楽を楽しむ場合には、テレビやレコーダーの電源を切るようにしましょう。

オーディオにとっては無線も大敵。電磁波もまた電源を汚すノイズ源となります。以前、あるメーカーの試聴室でこんな実験をしたことがあります。まずそこにいた5〜6人の携帯電話をすべてオンにした状態で試聴をします。次に、全員の電源を切ってもらって、再び同じ音源を聴く。不思議なことに、後の方が明らかに音がいいんですね。携帯の電源が入ったままだと、どこか音の切れが鈍く、スイッチを切ると途端に透明感が出てきて、エッジが立ったようなサウンドになりました。その場にいた全員が驚くほどの変化でした。

いずれにせよ音楽のためにめいっぱい電源を使い、それ以外の機器はなるべく休ませてあげるのが常道です。電源というものは、それくらい微妙にオーディオの性能に影響するものだということ。最低限必要な機器以外は、できるだけ排除することです。

◎作法四十一 ――プロ仕様の〝電源浄化装置〟を使う手も

私自身の電源対策についてお話ししましょう。そのまま流用できるとは限りませんが、電源メンテナンスにはこんな方法もあるという参考にしていただければと思います。

まずは電源供給について。前述のように発電所から送り出された電気は、各家庭に辿り着くまで、さまざまなノイズで汚れます。波形の崩れも避けられません。たとえ各機器にひとつずつコンセントを割り当てても、電源そのものの劣化はいかんともしがたいわけです。

電源というのはインフラに直接作用し、オーディオシステム全体の「地力」を上げてくれます。あるパーツをグレードアップしても、その部分しか良くなりませんが、電源がきれいになると、音に関するすべてのファクターが底上げされる。その意味では、一番効果の出やすい分野だともいえます。

そこで私は、旧信濃電気（現・ダイイチコンポーネンツ）の『ＨＳＲ‐１０００Ｒ』というＡＶ機器専用電源装置を使っています。これは波形が歪んだ電流を瞬時に補正

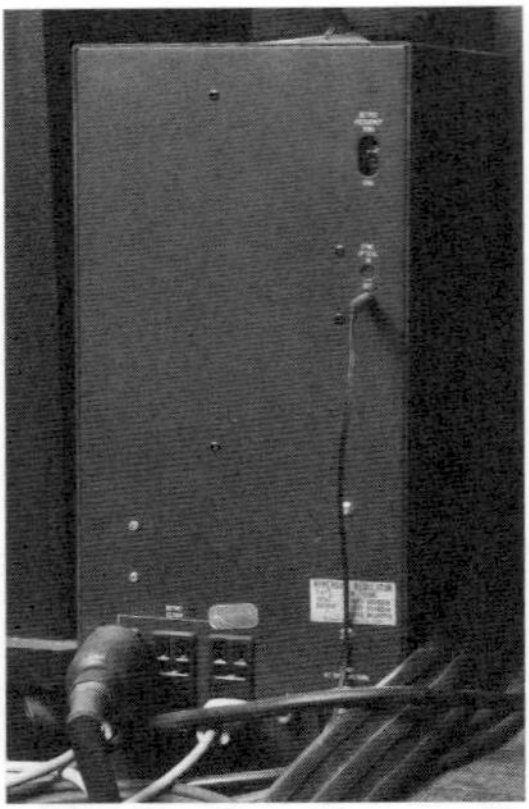

著者愛用のＡＶ機器専用
電源装置『HSR-1000R』

し、きれいな電源を供給してくれる装置ですが、17年前から都合3台、使い続けています。これがあるとないとでは音の鮮度、解像感がまったく違ってきます。

　実際、プロの録音エンジニアなどが、レコーディングやマスタリングの機材に最高の電源を供給する目的で使っています。オーディオマニアにとっては、知る人ぞ知る名機といった存在かもしれません。

　かつてフィリップス（現ユニバーサルミュージック）系のスタジオでは、この電源装置が必須だったといいます。クラシックの録音エンジニアたちは、さまざまな土地のコンサートホールに出かけて、ライブレコーディングをすることが多いのですが、中には電源にまるで気を使っていない施設も存在します。ですから、録音エンジニアたちは出張するとき、必ずこの装置を持っていく。電圧補正システムによって波形をたたき直し、美しい形に戻してやることで、生演奏の瑞々しい感動をそのままパッケージするわけです。このように最適化した電源を使わない限り、いい音は手に入れられないというのは、プロにとっては常識なんですね。

さらに、私が『HSR‐1000R』で気に入っているのは、周波数を50ヘルツと60ヘルツで変換する機能です。東日本の電流は50ヘルツですが、純粋に音質だけを考えると、60ヘルツの方が望ましい。その方がやはり、音に対するエネルギー密度が高まる感じがあるからです。事実、この機能を使って50ヘルツと60ヘルツを聴き比べてみると、これもまた音の鮮度、解像度、躍動感などが大きく違います。本当なら東日本で60ヘルツの音を聴くことはできませんが、電源装置のおかげで10ヘルツ分だけ得した気分です。

このような電源をきれいにするアクセサリーユニットに関しては、2種類の考え方があります。私が使っている『HSR‐1000R』は「アクティブ型」といって、電源の波形を積極的に作り変えてしまおうという発想。もうひとつは「パッシブ型」といって、ノイズフィルターと理解すればいい。要はトランスを経由させることによって、特定のノイズだけを濾過してしまおうというものです。これもなかなか効果があります。

アクティブ型の場合は、音の鮮度が上がり、解像感が増して、全体的に情報量が増えます。一方のパッシブ型は、音が浄化されてまろやかに、すがすがしくなるイメージでしょうか。どちらを選ぶかは好みの領域です。ジェントルで、爽やかで、どこか癒やしの要素を感じさせる音を求めている人は、パッシブ型の電源フィルターも面白い選択肢だと思います。

◎作法四十二——純正の電源ケーブルは買い換える

オーディオに電源を供給するケーブルもまた、音のクオリティを決める非常に重要なファクターです。

まず電源ケーブルには、取り外しできるタイプとそうでないタイプがあります。一定価格以上のオーディオについては、ほとんどがよりハイグレードな電源ケーブルに交換することが可能です。むしろ、付属品のケーブルは「メーカーがサービスで付けてくれた試供品」と考えたほうがいい。もちろんハイエンドな機器にはそれなりに吟味された電源ケーブルが同梱されていますが、それでもケーブルの交換が音質向上の大きな要素であるということは、憶えておいて損はありません。

低価格のCDプレーヤーやアンプでは、電源ケーブルが尻尾のようにくっついていて、取り外しが不可能なのがよくありますね。こうなると、工夫のしどころとしては電源の極性をきちんと確かめるくらいしかありません。こんな電源ケーブル付着型の機器は、できれば選択肢から外してしまいたいところです。

取り外し可能な電源ケーブルは、2種類に大別されます。ひとつは「メガネ型」という、まさに小さな眼鏡の形をしたタイプ。もうひとつはIECコネクターという、「3ピンソケット型」です。一般に、ソニーやパナソニックのような家電系メーカーのAV機器はメガネ型を採用していることが多い一方、専門メーカーが出している単体オーディオの多くは、3ピンソケット型を採用しています。これは購入したユーザーが好きなコードに替えることを想定しているからで、いわば〝替える楽しみ〟を提供しているわけです。

実際、3ピンソケット型の電源コードについては、多種多様なタイプの製品が市販されています。**ケーブルの素材、長さ、材質によっても、音は劇的に変わります。**将来いろんな電源コードを試してみたい人には、値段はある程度張りますが、最初から3ピンソケット型の機器を選ぶといいでしょう。

第二章で説明した「接続ケーブル」と同じで、電源ケーブルもまた、機器との相性によって音が良くも悪くもなります。ですから一概に「このケーブルが優れている」ということは言いにくい。どのオーディオ機器にどういうケーブルが合っているかは、結局トライ&エラーで探っていくしかありません。

もしも資金に多少の余裕があれば、手頃な価格のケーブルをいくつか購入して相性を探ってみるのもいいでしょうし、オーディオ専門店に親しい店員さんがいる場合には、自分のオーディオ環境になるべく近いセットで試聴をさせてもらって、その結果を参考にして選ぶのも一手でしょう。

メガネ型（左）、３ピンソケット型（中）とその２ピン用プラグ（右）

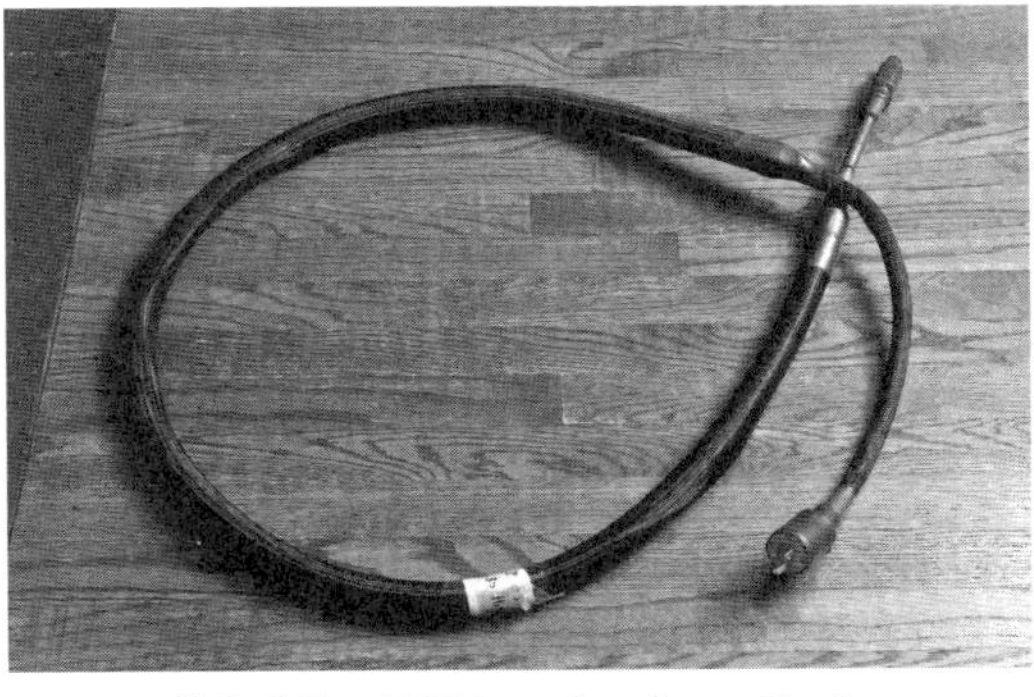

著者愛用の電源ケーブル『アレグロ』
（長さ 2m、重さ 3kg、直径 4cm）

電源ケーブルによる音質向上の可能性を極限まで突き詰めたものとして、私が愛用しているアメリカ製の『アレグロ』というケーブルがあります。これは前述した「XRCD」の生みの親である田口晃氏が、ビクターを退社後、ロスに移住してプロデュースしているケーブルです。

完全受注、オールハンドメイドで作られていますが、最近ではビクター、ソニー、エイベックスなど有力なスタジオが軒並み導入し、業界ではちょっとした話題になっています。製品を見せずに、プロが音だけでテストをしても、やはりこれが1番に選ばれてしまうそうです。

たしかに既存のケーブルとは天と地ほど違いがあります。音質が良い悪いというレベル以前に、引き出される情報量が凄まじいのです。それまで聴いていた音に対し、「このCDにはこんな音まで入っていたのか！」という発見があります。これは間違いなく、今までのケーブルにはなかった感動です。音質そのものが非常に濃密で、しかも音楽的な描写力・再現力が細やかです。

田口氏によれば、ポイントは「非常に純度の高い銅をまとめて買い付け、その中から本当にいい部分だけを抽出して、さらにテフロンで被覆加工したうえで、職人の手仕事で特殊なねじり方を加えていること」だといいます。要は、マグロの「大トロ」を使って最高の職人仕事をした産物というわけですね。

これは極端な例ですが、付属の電源ケーブルが必ずしもベストではないということは憶えておいてください。付属ケーブルというのは、やはり一定のコストバランスの中で作られるもの。電源ケーブルを替えるだけで、音の世界が一変するということも充分にありえます。それは同時に、ケーブルの選択を誤ると機器本来の性能を引き出せなくなるということでもあります。

本章の最初にもいいましたが、オーディオにおける「電源の使いこなし」には非常に多くの要素と切り口があります。これらをひとつひとつ丁寧にクリアしていけば、何もしない人に比べて、大袈裟ではなく100倍の音質差が得られます。高価なオーディオを買っても、電源対策を講じない限り、そこそこの出発点から一歩も踏み出さずに終わってしまうのです。

Column ④

高音質化の決め手!?
クロック周波数の高精度化

波形が歪んだ電流を瞬時に補正し、きれいな電気を供給してくれる「AV機器専用電源装置」について本章で紹介しました。いろんな要因で汚れてしまった電源を、いわばリフォームしてオーディオに提供する装置です。

これと似た発想で最近ピュアオーディオ愛好家から注目されているのが「クロック発信精度の改善」です。クロックとは、デジタル回路などを同期させるための周期的信号。普通は「水晶振動子」を使った発振回路で作り出されます。このクロックにノイズが入ったり、振動子自体の精度が下がったりすると、当然信号の転送精度に影響が出ます。そこで、オーディオ機器をコントロールする「基準クロック」を高精度化することで伝送時のデータ劣化を防ぎ、音質を高めようという発想ですね。

具体的には、実際にデジタルオーディオ機器を開けて内部のクロック発振器を取り替える方法と、専用の周辺機器を用いてより高精度のクロックを外から入力するという方法に大別されます（外部入力の場合は「10のマイナス13乗」という精度を保証された電波時計用クロックの超高精度タイプもあります）。ここでも電源と同じように、デジタルオーディオ機器の基礎条件をいかに向上させるかが、大きな問題になっているわけです。

第五章　オーディオルームの作法

◎作法四十三　――部屋の響きと遮音をチェック

「部屋は第2のオーディオ機器」「第3の楽器」という言葉があるくらい、部屋とサウンドの間には密接な関係にあります。

いくら立派なオーディオを買っても、それを設置する部屋の状態が整備されていなければ、その実力は発揮されません。逆に、非常にバランスのいい音がする部屋であれば、それほど極端に高いオーディオでなくても、快適な音を発揮してくれることも少なくありません。

まず重要なのは、部屋の響きです。その部屋で自然な会話ができるかどうか、これは前提論として非常に重要です。新築したての、何も家具が入っていない部屋で話をすると、不自然に声の響きが大きく、ある帯域の低音が強調されたり、高音が反射したりして、妙に疲れてしまいます。

部屋の音の響き方を確かめるには、何度か手を叩いてみて、その反響音を確認するのが簡単かつ効果的な方法です。高音が「ピヨーン」と響くような部屋は、オーディオ再生にふさわしくありません。また、会話で、自分の声が自然に部屋の中に浸透していくかどうか、相手のいうことがクリアに聞こえるかどうか。これらはとても重要なチェックポイントです。特に男性の声は、もともと周波数帯域的に中低域が強いとされています。その帯域が持ち上がると、音が鈍くなり、明瞭度も低下します。そういう音がした場合は、部屋にかなり問題があるということです。

さらに大切なのは遮音です。オーディオルームの音がそのまま盛大に外に漏れてしまうのは、音の良し悪し以前に近隣とのコミュニケーションの問題になります。既存の住宅の場合はなかなか難しいかもしれませんが、可能であれば、窓ガラスを2重にしたり、パッキンのついた遮音ドアを設置したり、壁に防音材を入れるなど、防音用品も市販されているので、設備として備え付けることも考えておくべきでしょう。

大がかりな工事が難しい場合には、ホームセンターなどで「すき間テープ」や「パテ」などを買ってきて塞ぐという手があります。

「スピーカーやアンプはしっかりとした土台の上に設置する」「スピーカーの周りにはあまり物を置かない」など、基本的な状況をきちんと整えておき、その上で部屋について考えれば、問題点が出たときに適切に対応できます。つまり、それが部屋の問題なのか、スピーカーやアンプの置き方などの問題なのかと、原因を切り分けて考えることができるということです。

◎作法四十四　――部屋はあえて片付けない

今度は比較的大きな部屋について考えてみましょう。大きくふたつの問題点が挙げられます。ひとつは「定在波」です。

音は、その瞬間瞬間実にさまざまな波形をしていますが、定在波とは、ある間隔で音が行ったり来たりしたとき、同じ波形の音が出てくる現象です。つまり、複雑な音の波形が偶然に重なり、１本の揺るぎない波形として現れてくるものです。

定在波が発生すると、低音がこもりやすくなります。具体的にはスピード感を鈍くさせる、音の切れ味を甘くする、音の解像感を甘くさせるなどの悪影響が出てきます。

では、定在波は具体的にどのような状況で出現しやすいのでしょうか。

まず部屋に何もないという状況です。そもそも定在波は、平行面で行ったり来たりして出現するものです。ですから部屋の平行面を極力少なくするのが、最大の対策となります。

実際、コンサートホールやプロのスタジオには、平行面がほとんどありません。あえて壁をデコボコにしたり、波形にしたりして、定在波を発生させないように工夫しています。正反射、一方方向の反射が定在波を引き起こすわけですから、要するに何か乱反射させるといいのです。

これを部屋に置き換えて考えてみると、やはり何もない部屋が良くないということが分かります。高級マンションのカタログなどを見ると、ガランとした広いリビングに高級オーディオが置いてあるイメージ写真が載っていますが、あれは音質的には非常に望ましくない。

つまり「ビジュアル的にいい部屋は、オーディオ的には良くない」ということになります。むしろ、ある程度雑然と家具があり、壁にはCDラックや本棚などがあり、床からCDが積み上がっていたり、要するにある程度ゴチャゴチャしている方が、音質的には好ましいのです。部屋は適当に散らかしておいて、不要な定在波が発生しないようにしましょう。

エコーや定在波というのは、一定の量があって初めて人間生活だという部分もあります。完全にないと無音室になってきて、今度は逆に「ここはどこ、私は誰？」みたいに不安定な、不快な感じになります。ミネラルが入ってこそ水が美味しいのと同じです。**ある程度、不純物があるところに物事の良さがあるんですね。**

部屋も、あまりに徹底して吸音対策をやってしまうと潤いがなくなって、スピーカーからの音が聞こえても、部屋の音は全然聞こえなくなってしまいます。部屋の音が適度に入り、豊かに反射して、豊かなプレゼンスを作り、その中に音楽が流れてくるというのが理想です。

ホールにおいても、そのホール独自の音の環境があり、その中での演奏がホール内

あえて片付けない著者のオーディオルーム

の音と一体になって音楽が聞こえてくるわけです。そういう意味では、部屋の対策も、「これは低音が大きすぎる」「高音がシャリシャリしすぎる」など不自然な響きになったときには必要になりますが、やり過ぎは角を矯《た》めて牛を殺すようなもの。やはり音楽の魅力には、豊潤な響きが必要だと思うのです。

ちなみにオーディオ専門店や量販店では、コンサートホールの壁を模した木製のボードなども販売されています。ただし、値段的には思いのほか安くはありません。やはり部屋に適度に物を置く方が現実的なようです。

◎作法四十五　――部屋の隅には吸音材を置く

定在波対策では、スピーカーの位置取りも重要です。「ある位置でスピーカーを鳴らすと定在波が出ていたのが、ちょっと動かしてみるとかなり軽減した」というケースは少なくありません。

まず低音について考えてみましょう。低音は360度放射します。コーナーには低音がたまりやすいという現象も、これによって発生する定在波の一種です。そのままスッと前方に出てくればそれほど過重感はないのですが、部屋のコーナーにスピーカーを置くと、360度に放射された低音が床、左右の壁、天井という4面で反射し、大きな定在波を生んでしまうわけです。

低音をためない一番の方法は、部屋の真ん中にスピーカーを置くことですが、現実にはなかなか難しいことです。その代わり、**布団やクッションのように吸音材になる柔らかい素材のものをコーナーに置いて、低音を吸ってあげる対策を施すと効果的です。**また、低音は波長が大きいので、小さいものでは不十分、大きい物体を置く方がいいです。それでもやはり、低音がリッチなスピーカーは、少しでもコーナーから離して置くようにしましょう。逆に、低音がプアなスピーカーの場合は、壁側に寄せて置くというテクニックもあります。これも低音の音をリッチにするチューニングです。

◎作法四十六　——カーテンによる吸音は、やりすぎにご用心

吸音のために部屋中をカーテンで覆い尽くすオーディオマニアを、たまに見かけます。ただし、**カーテンによる吸音は、やりすぎると音の潤い感が減って、逆効果です。**ただ覆えばいいのではなく、吸音と反射のバランスをとりながら、部分的に、適度に取り入れることが大切です。

結局のところ部屋の使いこなしは、吸音と反射のハーモニーを考えるということに帰結します。それを前提に、自分の部屋に合わせつつ、調整していく。部屋の隅に、吸音効果の高い市販のアクセサリー材を置くのもいい手です。そうすると、壁を部分

的に反射させ、また部分的に吸音させることが可能になります。あるいは布団やクッションを部屋の各所に置いて調整してみるだけでも響きはかなり変わります。

補足として、調光機能についても述べておきます。あまり知られていませんが、部屋の光を調節する装置は、実は甚大なるノイズ発生源なのです。

著者のオーディオルームにある床コンセント

とはいえ、音楽を聴くときは雰囲気も大切です。蛍光灯の灯りよりも、少し落ち着いた暗めの照明の方が雰囲気がいい。これは第四章で説明したように、なるべく同じコンセント圏内から電源をとらないようにするしかありません。

また、壁だけでなく床にもコンセントがあると便利です。「ひとつの機器にひとつのコンセント」という原則からしても、もととなるコンセントを最初から分岐させておけば、部屋のレイアウトもしやすくなります。オーディオルームを新築するのであれば、コンセントは過剰と思えるほど、たくさん設置しましょう。わが家でオーディオルームを造った際、床に多数コンセントを設置しましたが、機器が予想以上に増えたため、結局はそれでも不足してしまいましたから。

◎作法四十七　――オーディオにも「慣らし運転」が必要

エージング（aging）とは本来、「熟成」を意味します。すべてのオーディオには、このエージングが必要です。自動車でも、買ったばかりのころは全力疾走させないのが常識ですね。よくディーラーなどからは「最初のうちはそろそろ走って、1000キロ走ったらオイルを換えてください」などといわれます。

買ってすぐの段階では、いろんな機械の噛み合わせが完全ではない、部品から出てくるバリとか、粉とか余計なものがあります。それが一定の距離、時間を走ると馴染んできて、いよいよ本領発揮となるわけです。

オーディオもまったく同じです。新車（新品）の状態から、ある一定期間、〝鳴らし運転〟してあげると、回路や部品が馴染んできて、本来の持ち味、クオリティが発揮される。これがオーディオにおけるエージングです。

新品の音は、比喩的には実力の半分以下に過ぎないといえるでしょう。ちょっと時間がかかりますが、鳴らし込んでいくことで、本来の音が出てくる。この基本認識は非常に大切なことです。

楽器の専門家に話を聞くと、ピアノは100年、ヴァイオリンは200年以上経たなければ、本来の音は出ないそうです。それくらい弾いてこそ、やっと木材の中の分子配列などが安定し、本来の音が出てくるわけです。

時間とともに音が変わるという現象は、もっと短いタームでも実感できます。わが家には、スタンウェイのピアノがあります。1930年代にハンブルクで作られたもので、アンティーク品として購入したものです。このピアノは、弾き始めて30分間くらいは妙に「ブヨブヨ」とした鈍い音がします。ところがそれを過ぎると、音の輪郭がものすごくシャープになり、切れ味が俊敏になり、ディテールまで解像度が上がり、ブリリアントになってきます。やがて、倍音の数が増えて、音色がすごく多彩になってきて音の印象がぐっと煌びやかになる。低音についてもしっかりとした輪郭と解像感が感じられるようになり、高音にも弾力性が出てきて、全体に〝音楽的〟な音になっていく。30分間でも信じられないぐらいの変化です。

オーディオについても、やはり短期間のエージング（ヒートアップ、ウォームアップともいいます。詳しくは作法四十九にて）、長期間のエージングの両方があります。長いスパンでは、やはり使っていく間に音が良くなっていく。繰り返し述べますが、重要なのは、そうやって熟成し良くなった音こそが、実はそのオーディオが持つ本来の音ということです。

エージングでは、実際に音を出してやる必要があります。電源を入れただけではダメで、実際にCDをかけ、そのCDからの信号でアンプを駆動させ、さらにアンプからスピーカーをドライブする。そうやってシステム全体に音を馴染ませていくわけです。

◎作法四十八　──NHKのFMラジオを流しっぱなしにする

エージングには、どういう音を使うのが効果的でしょうか。かつては「ホワイトノイズ」がいいとされた時期がありました。たとえばFMラジオの「離調ノイズ」です。FMラジオでは、チューニングしていないときにザーッという雑音が出ますね。あのノイズは、すべての周波数成分についてほぼ同じ強度を持っています。このすべての音域に対応する成分が入ったホワイトノイズを大きい音で鳴らし続けることによって、エージングを早めることができると考えられていたわけです。

しかしその後、さまざまな研究が重ねられ、最近は、ホワイトノイズではなくて、やはり自分が常に聴いている音楽がいいとされるようになりました。つまり、ホワイトノイズというのはあくまでも「ノイズ音」であり、「音楽」ではないので〝音楽的〟なエージングには適さないという考え方です。

オーディオの世界では、冗談半分でよく「美空ひばりのCDの次にベートーヴェンをかけると、ベートーヴェンも歌謡曲っぽく聞こえる」などといいます。これはあながち根拠のないジョークというわけではなく、ひとつのオーディオの体系というものは、ある信号に対して、ある程度適応していく。平たくいうと、クラシック、ジャズ、ポップス、それぞれにクセがあると考えられます。

特にジャンルにこだわらず、あらゆる音楽を聴くという人は、クラシック音楽がお薦めです。あらゆる音楽の基本はリズム、メロディ、ハーモニーですが、その要素をもっとも満遍なく網羅しているのがクラシック音楽だからです。この西洋音楽の伝統に根差した音源が、システムに〝音楽的〟な音を育ててくれます。

いずれにせよ、「音楽を聴くため、音楽を感応するためのオーディオ」というのが本書の目的です。そのためには、やはり自分の好きなジャンルの音楽を、たくさん鳴らしてあげるというのが一番でしょう。

でも、一般の会社員の方々などは普段、なかなか音楽を聴く時間をとれませんね。そういう方々の場合は、自宅を留守にしている間、迷惑にならない程度の音量で流しっぱなしにするのも一手です。CDだと1枚で終わってしまいますが、**FMチューナーがあればNHKのFM放送がお薦めです。**ポップス、クラシック、邦楽、歌謡曲と音源も豊富ですし、音もとてもいい。これを1日中、ある程度の音量で流しておけば、エージングの期間を早めることができます。

◎作法四十九　――電源を入れて30分経ってからが本来の音

エージングは、CDプレーヤー、アンプ、スピーカー以外にも、実はケーブルや電源アクセサリーなど、意外なところにも効きます。

私が使っている『アレグロ』というぶっといケーブル(169～170ページ参照)は、購入したときに製作者の田口氏から「3カ月はダメですよ、その期間はエージングだと思ってください」と念を押されましたが、たしかにそれくらい経ってから音が良くなってきました。

このように長期間の〝鳴らし運転〟によって、システムの音を良くするのがエージングであるのに対し、短時間で良い音を出す状態にすることを「ヒートアップ」「ウォームアップ」といいます。わが家のピアノのスタンウェイも、弾き始めから30分程度経ってから本来の音色が発揮されると前述しましたが、この過程のことですね。

オーディオ電源を入れた直後は、本来の音は鳴ってくれません。電源を入れてある一定時間経ってから聴くと、全然違います。

人間も同じで、寝起きですぐ脳がフル回転するかというと、そうではないですね。シャワーを浴びるなどして、何かしら刺激を与えて交感神経を覚まさないと本領発揮とはいきません。同じように、オーディオもただ電源を入れっ放しにするのでなく、何かCDをかけてあげる。それによってシステムを早く覚醒させるわけです。

AV機器の映像はそれほど大きな違いはありませんが、ピュアオーディオの場合はこのヒートアップによって相当違ってきます。私が愛用しているLINNの『CD12』などは、立ち上がりが非常に遅いので、いつ聴いてもいい音がするように電源を入れっ放しです。音質評価をする際も、電源を入れた直後は仕事になりません。本来の音がまだ全然出ていないので評価ができないのです。やはり30分ぐらい鳴らしてあげてから、評価するようにしています。

Column 5

低音改善! 麻倉式“床”硬化法

本章で、室内環境がオーディオの音質に大きく影響することをお話ししました。フローリングの場合には、床板の材質が問題です。私のオーディオルームでは、低音を改善するために、部屋のエリアによって床の材質を替えています。ご参考までにその変遷について、ご紹介しましょう。

当初はフロア全面に住建メーカー標準の合板を使っていました。ところが、低音の質にいまひとつ納得がいきませんでした。そこで思い切って、スピーカーの手前の幅1mほどを桜の無垢材に貼り替えました。

スピーカー下部に位置するウーファーから出た低音は、その真下にある床にまず広がります。そこの材質が良くないと、その反射が乗った状態で部屋全体に広がってしまう。そこで堅くて目の詰まった桜の無垢材を反射板として用いることで、低音のアコースティック改善を図ったわけです。それ以前はどこか緩んだ感じの響きだったのが、床材を替えてから低音域がすっきりしました。

スピーカーの真下も、なるべく振動しないように地面からコンクリートで持ち上げ、スピーカーと接する部分はイタリア製の玄武岩を用いました。つまり私のオーディオルームは、上から見ると3層構造になっているわけです。

第六章　サラウンドの作法

◎作法五十　――マルチチャンネルも体験しておく

近ごろオーディオの世界では、「2チャンネルの復権」がいわれます。2チャンネルとは、ふたつのスピーカーをステレオ配置にして音楽を楽しむ方法。復権というくらいですから目新しいやり方ではなく、むしろ昔ながらのベーシックなスタイルです。

あえて「2チャンネルの復権」と銘打って語られるのは、ここ十数年オーディオ業界の売れ筋が2チャンネルのピュアオーディオではなく、映像とマルチチャンネルを中心とするAV（オーディオ&ビジュアル）にあったからでしょう。ご存じのように合計6個のスピーカーで映画館のような立体的な臨場感を再現するのを「5・1チャンネルサラウンド」といいます。復権という言葉には、そのトレンドとの対比において、もう1度シンプルな2チャンネルに回帰しようという含みが読み取れます。

しかし私としては、このように後ろ向きなニュアンスの「復権」には異を唱えたい。

読者の皆さんには、サラウンドの世界——**マルチチャンネルで再現された音楽がいかに素晴らしいかを、ぜひ1度体験してもらいたい。その後でマルチチャンネルを選ぶか、あえて2チャンネルでいくかの選択は当然あっていいのです。**しかし、サラウンドがもたらす臨場感の感動を知らないまま2チャンネル世界に固執するのは、寂しいことではないかと思うのです。

古くからのピュアオーディオ愛好家の中には、マルチチャンネルに抵抗感を抱く人も少なからずいますが、これには実は伏線があります。70年代の一時期、「4チャンネルステレオ」というレコードがありました。前にふたつ、後ろにふたつのスピーカーを置くことで、2チャンネルでは味わえない臨場感を楽しめるというステレオ盤で、いわば現在の5・1チャンネルサラウンドの先駆けです。

ただし、この4チャンネルステレオは見事に普及しませんでした。メーカーごとに方式が乱立し、互換性がなかったことに加えて、制作側にマルチチャンネル録音の経験が浅くて、派手な音作りに走ってしまったことなどが挙げられます。たとえばオーケストラの演奏で、頭の後ろから突然シンバルの音が「ジャーン」と鳴り響いたりする。目新しさを狙い、こうした明らかに不自然な音像設定に走ったことが、大きく評判を落とした原因だろうと思われます。

一方、90年代になって登場してきた5・1チャンネルサラウンドは、基本的に映画ソフトの家庭内再生というニーズから生まれてきました。自宅に居ながらにして映画館のような興奮を味わうという、いわゆる「ホームシアター」の発想です。

映画館の音響システムは、本来、マルチチャンネルです。音による演出やトータルな臨場感、雰囲気などは、映画という娯楽と切っても切り離せません。スピーカーは前方だけでなく、左右、後ろ側にも多数設置されて、劇場全体が音に包み込まれる。それをそのまま家庭に持ち込んだのが、AVにおける5・1チャンネルなのです。

もともと映画館での上映を前提にしたコンテンツである以上、その世界観を再現するのにマルチチャンネルを用いるのは、ごく自然なこと。しかも映画における音は撮影時の同録ではなく、すべて後から録音（アフターレコーディング）されています。したがってそこには、制作者の演出や芸術的意図などを色濃く反映することが可能なのです。それらを忠実に再生する手法として、AVシーンにおけるマルチチャンネルは完全に市民権を得たといっていいでしょう。

問題はAVではなく、「オーディオにおけるマルチチャンネル」をどう考えるかということです。ひとつには、やはり70年代における4チャンネルステレオの失敗が、大きなトラウマとなって、普及を妨げるイメージ的バリアになっている。さらに、物理的にスピーカーの本数が増えますから、その配置はどうすればいいか、具体的にどんなスピーカーを選ぶべきかという基本的課題も生じてきます。

アンプについても、ピュアオーディオ的な観点で作られた（つまり、映像用ではなく純粋に音楽鑑賞を考えて設計された）サラウンドアンプというのは、実は意外に少ない。そうすると必然的に、ホームシアター用に作られた「AVアンプ」から選ぶことになる。しかし、「音質的には2チャンネル専用のアンプに及ばない」という先入観が根強いのも現実です。

しかし、そういったマイナス要素をすべて引っくるめて、なお私としてはサラウンドをぜひ1度体験してもらいたい。完成度の高いマルチチャンネル作品には、音楽ファンの世界観を一変させるインパクトがあります。それを経験すれば、きっとマルチチャンネルが音楽ソフトの世界において、2チャンネルと同様、確固たる地位を築いていることがお分かりになると思います。

◎作法五十一――2大要素「音場」「音質」に注意

ホームシアターの5・1チャンネルサラウンドでは、通常6つのスピーカーが用いられます。具体的には、まず前方の左、右、中央にひとつずつ（フロントチャンネル）、後方にも2つ（リアチャンネル）、さらに「スーパーウーファー」と呼ばれる低域専用のチャンネルを0・1として、合計5・1のチャンネルが構成されます。DVDやBD（ブルーレイディスク）、ハイビジョン放送などで提供される映画コンテンツは、現在このチャンネル数と配置を基本にしています。

ただし音楽コンテンツ、特にクラシック系のソフトについては、サラウンド仕様でもスーパーウーファーの0・1チャンネルはあまり使われない傾向があります。たとえば、ムソルグスキーの『展覧会の絵』やストラヴィンスキーの『春の祭典』など低音の打楽器が活躍するものは別として、低音だけを特別カバーする必要のある楽曲は、それほど多くないからです。したがって（映画再生から見ると変則的ですが）ウーファーを外して、あえて「5・0」でサラウンド収録する作品もよく見られます。

では、音楽鑑賞におけるマルチチャンネルの意義とは、一体何なのでしょうか。これはライブ演奏について考えると分かりやすい。

前述のように、客席に座ってコンサートホールで生演奏を聴いているとき、リスナーが感じているのは決して前方の舞台から伝わってくる「直接音」だけではありません。その演奏が持つ音響的なエネルギーが会場全体に散らばり、さまざまに乱反射し、ある時間差をもって耳へと到達します。ステージから耳へとそのまま飛び込んでくる直接音に加え、壁や天井に反射して降り注がれる間接音。それらが複雑に共振して、豊饒な残響感を生み出す。もちろん観客の拍手や歓呼の声も、ライブを構成する大切な要素となります。いわばそれをすべてトータルして、私たちは音楽を体感しているわけです。

ピュアオーディオの世界では、そういう会場全体のアンビエンス（雰囲気）もすべて2チャンネルに収めているはずなのですが、会場では、360度全方位の直接音と間接音の響きがブレンドされて耳に到達するのに、家庭内の再生においてはフロントの2チャンネルしかない。これは、オーディオの基本である「ハイフィデリティ（Hi-fi＝高忠実度再生）」という観点からすると不利なことです。

もちろん、2チャンネルでも音場を構築することは可能です。ただし、聴いている人を四方から包み込むような感覚を再現するのは、やはり原理的に難しい。2チャンネルにおける音場は、スピーカーとスピーカーの間、さらにはその奥にどのくらい広がるかというのが醍醐味です。

一方、複数のスピーカーを駆使したマルチチャンネルでは、音場は前方だけではなく側面や後方、さらには頭上へと広がっていく。これぞ本当の意味での音楽空間であり、ひいては「音楽が生まれた瞬間を再現し、表現者が伝えようとした想いに少しでも近づく」という本書の目的にも合致します。

そもそもオーディオ文化におけるメディアの進化自体、いかに音場を高忠実度に再現するかという、その追求の価値だったといえます。レコードの時代はプレーヤーからの再生音が唸りやすく（ハウリングといいます）、左右チャンネルの分離度が悪く、音像は真ん中にかたまりがちでした。それがCDの登場によって信号が安定し、さらに緻密なセパレーションも実現、よりリアルな音場構築が可能になりました。そう考えたとき、2チャンネルの愛好家がマルチチャンネルの世界に進んでいくのは、実はごく自然な道筋といえるのではないでしょうか。

マルチチャンネルについて語り始めると、どうしても音場について話が集中しがちですが、サラウンド再生にはほかにも注意すべきポイントがあります。それは「音そのもののクオリティ」です。**音場と音質——このふたつの要素が高い次元でバランスをとらない限り本当の意味での臨場感、本物の感動は得られません。**

単に複数のスピーカーを使えばいいということなら、音質に関して極端な話、MP3などの圧縮音源によるマルチチャンネルであっても、舞台上のどのポジションに演奏家がいて、音がどう広がっていくかという「音場的なパースペクティブ」は把握できます。しかし、いくら音と音の位置関係が分かっても、音質そのものがプアでは意味がありません。それはまったくリアリティのない、いわば空虚な音場再現になってしまいます。

このことは単純な算数で考えてみても分かります。いい音でサラウンドシステムを組めば、「いい音×5・1」倍の効果が得られる。反対に、プアな音のままサラウンド化してしまうと、「プアな音×5・1」倍になって、マイナスの効果ばかりが強調される結果になりかねません。サラウンドの感動には、ベーシックな音質が絶対に不可欠。むしろマルチチャンネルだからこそ、しっかりとオーディオの作法を踏まえたいい音が必要とされるのです。

◎作法五十二　――SACDの音場感を味わう

さてそこで、読者の皆さんにぜひ体験していただきたいのが、「SACD（スーパーオーディオCD）」と呼ばれるソフトです。

CDを超える次世代ディスクとして1999年に規格化されたSACDには、ふたつの大きな特徴があります。ひとつはCDフォーマットによる2チャンネルのステレオ音声信号とSACDフォーマットによる6チャンネルまでのサラウンド音声信号を、ディスクを2層構造にして同時に記録できること。もうひとつは、アナログ音声をデジタル信号化する際に、原音にきわめて近い波形を保てる「DSD（ダイレクト・ストリーム・デジタル）」方式を採用していることです。

SACDは、CDに比べてはるかに高音質で、正確な音場を再現できます。残念ながら普及が遅れている側面はありますが、その感動は音楽ファンなら1度味わって欲しいものです。

CDというメディアの規格は、当然それが開発された1970年代後半の技術水準に基づいています。それは「再生周波数範囲」と「ダイナミックレンジ」についてです。前者は低い音から高い音までどのくらいの音域範囲を記録できるか、後者はごく微音から轟くような大音量までどのくらいの音量範囲を記録できるかという指標です。

CDでは再生周波数範囲が5〜20キロヘルツ、ダイナミックレンジが96dB（デシ

ベル）と定められていますが、要するに当時の技術ではそれが精いっぱいだったということ。再生周波数範囲とダイナミックレンジを拡大すれば、より自然界の音に近づくわけですが、比例してデータ容量も膨大になります。そこでディスクの加工技術やレーザーの読み出し精度、半導体技術などを勘案しつつ、「まあこのくらいが妥当ですね」という折り合いを付けたわけです。

再生周波数の上限を20キロヘルツに定めたのは、それが人間の可聴域（耳が聴き取れる音域）上限だとされたからです。それよりも高い帯域をバッサリと削ってしまったために、その後CDの音は、「アナログレコードに比べて、数字には表れない微妙な空気感を表現できない」と散々いわれました。

一方のSACDは、レーザーや半導体、加工技術などが長足の進歩を遂げてから策定された規格です。ディスク自体の構造は基本的に変わりませんが、信号の最小単位である「ピット」はよりきめ細かくなり、その結果、収められるデータ容量は約7倍になりました（そのためCD用のピックアップでは読み出すことができず、より波長の短い、SACD専用のピックアップが必要になります）。**SACDの再生周波数帯**

域は100キロヘルツ、ダイナミックレンジは120dB以上。CDに比べて、自然界に存在する音をはるかに忠実に再現できるようになりました。

それを可能にしたのが、先ほど述べたDSDという信号処理方式です。ちょっと専門的になりますが、とても大切なことなので説明しておきましょう。

従来のCDは、アナログの音声信号をデジタル化する際に、「リニアPCM」という符号化方式を使っています。連続的なアナログ信号を一定の時間軸で区切り、分割されたひとつひとつのレベルをある精度で記述していくという方法です。時間軸分割の細かさを「サンプリング周波数」といい、記述精度はビット数で表されます。CDのサンプリング周波数は44・1キロヘルツ、ビット数は16ビット。これは1秒間を4万4100回に刻み、1つの音を16ビットで記録することを表しています。

一方のSACDは、従来のリニアPCMとはまったく別のDSD方式を採用しています。サンプリング周波数がCDの64倍である2万8224メガヘルツと極めて高く（つまり時間分割を細かく）取り、その代わりにひとつずつのレベル（大小）は1ビットで記述して、音声信号のレベル（大小）をデジタルパルスの濃淡で表現する方式です。大音量のときは密度が上がり、信号レベルが下がると粗くなるというものです。1ビットで記述するため、「ワンビット方式」とも呼ばれます。

このDSD方式のメリットは、信号波形が等間隔で分割されているリニアPCMに比べて、アナログ的な強弱を（デジタルパルスを用いて擬似的に）再現していることです。ですから波形が滑らかで、最高のアナログ音源を思わせるほど温かく、耳によく馴染む、いわばヒューマンなサウンドが楽しめます。そういう波形のちょっとした違いも敏感に感じとってしまうところが、人間の耳がすごいところですね。

DSD方式は、現在ではレコーディング現場で主流になっています。CDの制作でも、まずマスター音源をDSDで録音しておき、次にリニアPCMに変換するのです。

そのマスター段階の音質を、そのままメディア化したSACDは、マルチチャンネルではなく2チャンネルであっても非常に音がいい。しなやかで鮮明で、音の立ち上がりも早く、デジタルオーディオの理想型です。

SACDの音の良さは、CDのように人間の可聴帯域とされる2万ヘルツで高域が制限されることなく、超音波領域まで延びていることに起因します。この超音波が、人間の聴覚心理において可聴帯域内の音に好ましい影響を与え、音を上質に磨き上げることが、合唱団の芸能山城組で有名な山城祥二先生の研究で明らかになっています。

ＳＡＣＤマルチでは、そんな究極の高音質がそのまま部屋中に充満して、音場空間を構築します。その意味では、ＳＡＣＤマルチのソフトを５・１チャンネルサラウンドで聴くことこそ、現時点におけるホームオーディオの最高段階でしょう。１９９９年のスタート時には2チャンネルのみでしたが、現在ではマルチチャンネルのタイトルも多数発売されています。

次世代ＣＤのフォーマットとしては、ＳＡＣＤとは別に「ＤＶＤオーディオ」という規格も存在しています。高品質な音声信号をマルチチャンネルで記録できるという点はＳＡＣＤと同じですが、ＳＡＣＤがＤＳＤという、リニアＰＣＭとはまったく異なる符号化方式を採用しているのに対し、ＤＶＤオーディオはリニアＰＣＭの記録精度を大幅に上げるという方法論を採っています。ＳＡＣＤとはまた違う持ち味があり、素晴らしい作品も発売されていましたが、残念ながらＳＡＣＤ以上に普及していません。ハード・ソフトとも、風前の灯といいたくなるレベルです。

◎作法五十三　――「特等席」と「スタジオ型」を知る

マルチチャンネルの音楽ソフトでは、レコーディングを担当する制作側のノウ・ハウがコンテンツの出来を大きく左右します。楽曲の醸し出す微妙なアンビエンスをどう録音し、6つのスピーカーにどう振り分けるか――制作スタッフの判断が、そのままリスナーのシステムに届けられるからです。その意味でここ数年、SACDのマルチチャンネルのクオリティは随分上がりました。演奏・レコーディング側のノウ・ハウは確実に積み上がっています。

音場構築の方法論は、大きくふたつに分けられます。ひとつはライブの雰囲気をパッケージするもの。**コンサートホールの一番いい席に座って演奏を聴いている状態を、家庭のオーディオルームでそのまま再現しようという、いわば「特等席型」です。**この場合、ステージ上からの直接音がフロントから聞こえてきて、さらにホール全体の間接音もサラウンドで再現される。そのため、とてもナチュラルな臨場感が得られます。

もうひとつは「スタジオ型」。場の雰囲気を再現するという従来型のサラウンドではなく、音場空間に音楽スタジオを擬似的に作り出したものです。最近のスタジオ録音、とりわけ小編成のコンボ演奏などでは、各楽器のパートがそれぞれのトラックに配置されます。たとえば、ストリングス、管楽器、パーカッション、ヴォーカルなどのパートをそれぞれ別のトラックに録っておき、最終的に「せーの」で合わせてトラックダウンするというパターンです。この場合、フロントにはピアノと弦楽器、真正面にはヴォーカル、リアには各種パーカッションというように、それぞれのチャンネルに音源が割り当てられます。この仕掛けによって現実では味わえない、コンボの真ん中に居て聴いているような感覚を演出することもできます。

タイトルが豊富なのは、やはり特等席型ですね。オーディオの歴史は、そもそもライブ演奏の高忠実度再現から始まっています。アナログLPからCD、SACDへと至る進化は、臨場感とクオリティ向上の歴史だともいえます。「より本物の音場感に近づく」という目標は、この特等席型マルチチャンネルソフトにおいてもっとも良く反映されています。

一方のスタジオ型の場合は、制作者のセンスが重要となります。特等席型はある意味、従来の考え方の延長線上でレコーディングが可能ですが、スタジオ型の場合は、どの音をどのチャンネルに割り当てるかということも含めて、制作者のプロデュースがそのまま反映されるからです。

スタジオ型で代表的な作品を挙げてみましょう。これはSACDではなくDVDオーディオですが、私が感動したのはクイーンの名曲『ボヘミアン・ラプソディ』です。このあまりにも有名な楽曲は、マルチチャンネルでレコーディングされていました。もちろんDVDオーディオを想定して録られたわけではありませんが、もともと音楽の構成自体かなりサラウンド再生を意識しているというか、華麗なる音場世界を持っています。打楽器から微小な効果音まで、膨大な要素が詰め込まれているんですね。でも当時は2チャンネルのアウトプットしかなかったので、そのフォーマットに押し込める以外に方法がなかったわけです。

DVDオーディオ版『ボヘミアン・ラプソディ』は、クイーン関係者の承諾を得て、元からある数十チャンネル分のトラックを5・1チャンネルにミックスダウンしています。もちろん、トランジスタラジオで聴こうが2チャンネルのステレオで聴こうが、それなりに感動する素晴らしい名曲ではあります。しかし、DVDオーディオで『ボヘミアン・ラプソディ』を聴くと、それまで聴いていた情報に加えて、隠れていた〝音場としての感動性〟が初めて見えてくる。メロディを中心としたメインの流れ以外に、さまざまな音が交差するのです。それがあるときはリアから飛び出したり、またあるときは斜め方向に部屋を横切ったりして、目くるめく世界を構築するのです。

要するに、「もしクイーンがいま活動していたら、きっとこんなサラウンドを作ったに違いない」と思わせる音の表現力、音場の豊かさが痛感されるのです。その意味で、マルチチャンネル化された『ボヘミアン・ラプソディ』を聴けば、より彼らの神髄に迫ることになります。

「特等席型」で感動したソフトも挙げておきましょう。ソニーから発売されているSACDマルチのタイトルで、『モーツァルト：ヴァイオリンとヴィオラのための協奏交響曲変ホ長調』です。これはヴァイオリンの五嶋みどりさんとヴィオラの今井信子さんが、クリストフ・エッシェンバッハの指揮による北ドイツ放送交響楽団と協演したもの。演奏のクオリティ、音場の豊かさとも申し分なく、クラシック音楽の伝統やモーツァルトの作曲技法までを存分に堪能できるディスクです。

響きが豊かな録音で、オーケストラの鳴り自体も豊潤です。その上、会場全体に散らばっていく音のきらめき感と飛翔感、粒立ち感が素晴らしい。ライブ以上にライブ的な体験といっていいでしょう。オーケストラもリッチな広がり感を持ち、さらに各パートの音量バランス、音場バランスが絶妙です。

ソロ・ヴァイオリン、ソロ・ヴィオラの音像も明確に立っていて、表現性がいい。面白いのは2人の立ち位置です。五嶋さんはセンタースピーカーと左側スピーカーのちょうど真ん中ぐらい、今井さんはセンターと右側の真ん中に立っています。スピーカーから音が出てくるのではなくて、空間そのものから音が生まれているような感動も味わえます。

もちろん2チャンネル版でも、演奏の素晴らしさは充分伝わります。ただ、音場を2個のスピーカーだけで作っているため、包み込み感は再現できません。その点、5・1チャンネルをうまく使った空間表現は、音の位置関係の再現がきわめて正確でライブに近く、生々しいまでの音場表現、音像表現です。広い音場の中に確実に音像が投射され、しかも音に厚みがある。それはまさに豊潤な音楽体験なのです。

◎作法五十四　――AVアンプは買い換えるのではなく、買い足す

現在2チャンネルのオーディオを組んでいる人が、これからマルチチャンネルにしようと考えた場合はどうすべきか。この場合はAVアンプに買い換えるのではなく、現行のシステムに新たにAVアンプを足せばいいと思います。

では、これからアンプを買うという場合はどうでしょう。最初からマルチチャンネルを見越してAVアンプを買うべきなのか。それとも、まずやはり2チャンネルアンプを買って、さらにAVアンプを買い足した方がいいのか。

最近はAVアンプの2チャンネル再生能力も上がってきましたが、良質な2チャンネルアンプにはまだ敵《かな》いません。40万円の2チャンネルアンプなら、これはもうAV

アンプにはまず到達できない能力を持っています。価格が20万〜30万円、それ以下の2チャンネルアンプになってくると、あるいは40万円のAVアンプを選んだ方が、音質的にも上というケースが出てくるかもしれません。このへんはかなり難しい問題ではあります。

本書の作法としては、まずは2チャンネルのアンプを買っていただきたい。まず2チャンネルで納得のいくシステムを組み、そこにAVアンプとアドオンスピーカーを足す。2チャンネルのオーディオ環境にプラスアルファしてサラウンドを楽しむというスタイルをお勧めします。

2チャンネルのオーディオ環境をベースにするということは、自分がそれまで愛着を持って使ってきたシステム、とりわけその音色を最大限に生かすということでもあります。本書では、「まず気に入ったメインスピーカーを選び、それと相性のいいアンプやプレーヤーを選ぶべし」という作法を提唱しました。時間をかけて選んだスピーカー、アンプ、プレーヤーという「基本3点セット」が、トータルで織りなす音をせっかく手に入れたわけですから、サラウンドでもこれを生かした方がいい。ですから2チャンネル再生についてはそのまま従来のアンプを使い、AVアンプはマルチチャンネル再生においてのみ使うといいでしょう。

もう少し具体的にケーススタディをしてみましょう。2チャンネル再生の場合は、CDプレーヤーからラインケーブルでアナログ出力して、アンプに接続する。これはいつもと同じですから、特に問題はありませんね。

一方、マルチチャンネル再生を楽しむ場合には、SACD対応のCDプレーヤーやDVD(BD)プレーヤーからHDMI経由で音声信号をデジタル出力し、AVアンプに入れる。この際のポイントは、AVアンプはセンタースピーカーとリアスピーカー(場合によってはスーパーウーファー)だけを駆動して、メインとなるフロントの2チャンネルについては、2チャンネルアンプの系統を使うことです。AVアンプですべてをまかなう場合と違って、2つのアンプを併用する形になるわけですね。このときAVアンプからの左右のメインチャンネル信号を2チャンネルアンプのAUX端子に入れるのです。

音量設定については、音量のバランスを調整するとき、メインの音量をある一定のところに定めておき、再生時もその音量で固定しておきます。通常のボリューム調整は、ＡＶアンプで行います。

少し専門的な言い回しをするならば、フロントの左右２チャンネルのみ「ＡＶアンプをプリアンプ化して使う」わけですね。

アンプには、ステレオ左右の信号レベルを調整したり、入力系統を切り換えたりする「プリアンプ」と、電力を増幅する「メインアンプ」があり、現在はこのふたつの機能が一体化した「プリメインアンプ」が一般的です。ＡＶアンプを、このプリメインアンプにサラウンド信号のデコード機能とマルチチャンネル機能を足したものと考えると、この場合、フロントチャンネルについていえば、「プリ」部のみを信号処理のために使っていることになります。２チャンネルは、従来どおりラインケーブルで２チャンネルアンプに入れて聴きます。

こうすれば、今までのシステムをまったくスポイルすることなく、２チャンネル再生とマルチ再生を両立できます。

◎作法五十五　――まずはメインの2チャンネルが大原則

サラウンドにおいて、スピーカーはどのようなものを選べばいいのでしょうか。基本的には、やはり自分好みの音調で鳴るスピーカーを選ぶことに変わりはありません。ピュアオーディオ用／シアター用という分け方も概念的には可能ですが、やはりそれ以前に、「誰が何といっても自分はこの音が好き！」と惚れ込んだスピーカーを選ぶのがいいです。

ただし、メインとなるフロントの左右2チャンネルのスピーカーがもう決まっている場合には、残りのスピーカーの音色が統一されていた方がいいでしょう。

最近では多くのスピーカーメーカーが、同一モデルの中にセンターチャンネル用、リアチャンネル用、スーパーウーファー用のスピーカーを用意していることが多い。マルチチャンネルを前提としたシステム設計が、どのスピーカーメーカーにとっても当たり前のことになっています。主力製品として販売したスピーカーを買った人が、後でセンターやリアのスピーカーも追加できるよう、あらかじめ5・1チャンネル一式を用意しているわけです。最初から5・1チャンネルシステムとしてトータルに設計されているケースが多いので、そのラインアップから選ぶのが無難でしょう。

「特等席型」のソフトでライブ演奏を聴いている場合、フロントとリアで違う音色のスピーカーを使ってしまうと、ステージからダイレクトに届く直接音と、身体全体を包む間接音の雰囲気が、それぞれ違ってしまいます。そうなると、何か違和感があってホールにいるような感覚が得られません。

また、音楽ソフトで、フロントからリアへとゆっくり音が移動する箇所があったとしましょう。その際、前から来ていた音色がハッキリ・クッキリしていたのが、後ろに移動するとまったりしてしまったら、同じ曲・同じ演奏者なのにおかしいですね。このように音色統一は大事なことなのです。

オーディオ生活のメインとなるのは、やはり2チャンネルのソフトです。あくまで2チャンネルを最優先に考えつつ、マルチチャンネルは徐々に充実させていけばいいのです。逆に、安っぽい5・1チャンネルサラウンドシステムで2チャンネルのソフトを聴くことほど悲しいことはありません。とりわけステレオソフトを疑似サラウンドで展開するのは、愚の骨頂と申し上げておきます。

要点をまとめましょう。

まず、メインとなる2チャンネルのスピーカーはしっかりとした製品を使うこと。これは本書の根本哲学です。そこに大きく投資し、それをメインに考えながら、残りのサラウンドスピーカーを揃えていきましょう。**センターやリアのスピーカー、あるいはスーパーウーファーまで全部同じメーカーの同じシリーズで揃えられればベスト。**それが難しければ、メイン２本以外は比較的安価な製品でも構いません。もし手持ちの余分なスピーカーがあれば、それを流用するのも一案です。

センタースピーカーは、真ん中にツィーターがあり左右にウーファーを設置した横長タイプの製品が一般的ですが、小型のブックシェルフ型で代用できます。左右との音色さえ統一されていれば、特に形にこだわる必要はありません。そうやってシステム全体を徐々にグレードアップさせていって、最終的に目指す音の世界に到達するというのも、ひとつの方法だと思います。

◎作法五十六　――スピーカー配置の大原則を心得る

ここで、サラウンドシステムにおけるスピーカー配置について述べておきます。マルチチャンネルの配置については、国際電気通信連合 無線通信部門という組織によって、マルチチャンネルスピーカー配置の大原則となる「ITU‐R配置」という国際規格が提示されています。

まず、リスナーの前方真正面にセンタースピーカーを設置。そのセンタースピーカーから見て左右30度の位置に左右のフロントスピーカーを置き、そのフロントスピーカーから100〜120度離れた位置にリアスピーカーを置くというもの。要するに自分を中心に、円を描く要領でスピーカーを配置していくわけです。ですから、これは正方形のかなり大きな部屋でないとなかなか難しい。

実際、ライブ録音は基本的にこのマイク配置で録られています。またサラウンドへのミキシング時もこのスピーカー配置が使われていますので、再生もこの「ITU‐R配置」に従ってスピーカーを置くのが理想です。ただし、これもあくまで原則。た

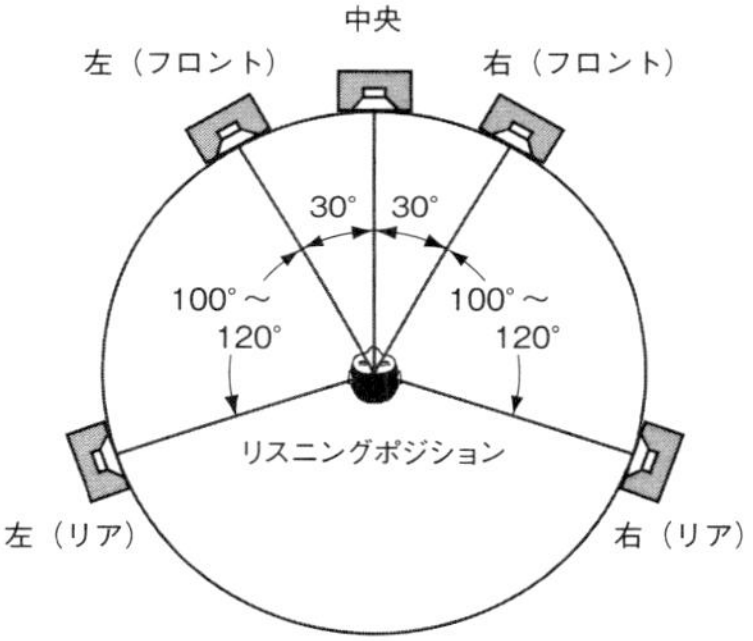

マルチチャンネルスピーカー配置の大原則
「ITU-R 配置」

しかに「正確な音場再現」という意味では有効ですが、これを守らないとサラウンドが体感できないというわけではありません。とりあえずはあまり気にしすぎず、臨場感を楽しむところから始めればいいと思います。

映画コンテンツの観賞においては、リアスピーカーはある程度高いところに置いた方が効果的です。音が集まって降ってくるような雰囲気で、劇場的なプレゼンスが得られるからです。一方、音楽コンテンツの場合には、スピーカーの高さは基本的に揃えた方がいい。前述した「スタジオ型」で、パーカッションの音が天井から振ってきたら違和感がありますね。これはやはり水平に、それも基本的にはかなり下の位置、座ったときの耳の位置あたりが一番いいと思います。

◎作法五十七　――「HDオーディオ」は現在、最上の音

CDから始まったデジタルオーディオの世界ですが、DVDになって映像が加わったことにより、いくつかの転換がありました。

まず「DVDの2チャンネル音声」については、CDと同じ非圧縮のリニアPCM方式がそのまま採用されました。ところが「DVDの5・1チャンネル音声」については、リニアPCMでは容量が大きすぎて、音声データが収録し切れません。そこでデータを圧縮することになったわけですが、そのためのデータ圧縮の方式がよく名前を聞く「ドルビーデジタル」や「DTS」などです。問題はこの際、データを大幅に間引く必要があったことです。

データ圧縮には1度圧縮したデータを元に戻せる「可逆（ロスレス）圧縮」と完全

には元の状態に戻せない「不可逆（ロッシー）圧縮」の2種類があります。DVDの5・1チャンネル音声に用いられたのは後者。しかも容量が足りず圧縮率を大きくしたため、失われる信号も多かったんですね。

さて、その後、技術改良が進歩してBDの時代が到来します。CDとDVDでは、書き込めるデータ容量にして約5～6倍の差がありますが、DVDとBD‐ROM（1層）についても、5倍の容量差があります。この大容量のおかげで、フルハイビジョンという高精細な画像が記録可能になったわけですが、BDは、音声信号についてもDVDとは比較にならないほど高品位な信号を収容できるようになりました。それが「HD（ハイ・ディフィニション）オーディオ」と呼ばれる音声規格群です。この新しいフォーマットが入ってきたことでBDの音楽ソフトが、がぜん面白くなってきました。

HDオーディオにも、ふたつの種類があります。ひとつは可逆（ロスレス）圧縮で、前述のように1度圧縮したデータを完全に元に戻せるので、不可逆圧縮に比べると圧倒的に高音質です。

もうひとつはその上に位置する「リニアＰＣＭ」。これは音声データをまったく圧縮せず、そのまま使用するという発想です。これもまた、従来のＤＶＤのサラウンドとは比較にならない臨場感を楽しめます。音質は、ロスレスよりいいです。ロスレスではリニアＰＣＭと同じ符合に復元できますが、ＡＶアンプ内部での信号処理が複雑なために音質が違ってくるといわれています。

このように非常にリッチなＨＤオーディオの世界が、ＢＤ‐ＲＯＭには含まれていますが、このＢＤ‐ＲＯＭでもっか最高音質といわれているのが、２００８年7月に発売された『ＮＨＫクラシカル 小澤征爾 ベルリン・フィル「悲愴」２００８年ベルリン公演』。これは、２００８年1月23日に行われたベルリン・フィルハーモニーのコンサートを収録したもの。映像的にも非常にハイレベルですが、とにかく音が素晴らしい。ここで用いられている非圧縮デジタルのリニアＰＣＭ音源の特性は、５・１チャンネルで96キロヘルツ／24ビット。もちろんこれは、現在手に入るコンテンツの中では最高の特性です。ちなみにＣＤは、通常2チャンネルで44キロヘルツ16ビット。そこまでのものが入ったのは史上初で、まさにＢＤ‐ＲＯＭならではの快挙です。

この96キロヘルツ／24ビットのリニアPCMが、いかに凄いか。**SACDのマルチ規格でさえ非圧縮ではなく、圧縮音源です。容量的な問題からロスレス圧縮をかけてマルチチャンネルの信号を作っているわけですが、これに対して今回のBD‐ROMは、まったくの非圧縮。これによってBD‐ROMの音楽ソフトとしての可能性は、大きく広がりました。**

今後は、BD‐ROMの音楽ソフトを5・1チャンネルサラウンドのホームシアターで（もちろんフルハイビジョンの画像とともに）鑑賞するというのが、家庭内エンターテインメントの最高峰になります。

もう少し先を考えると、「BDオーディオ」という発想もありえます。絵がない音だけのBDということです。たしかにSACDマルチも高音質ですが、ロスレスとはいえ圧縮の要素が入ってくるので、データの損傷、ダメージがないわけではありませ

著者絶賛のブルーレイディスク（BD）
『NHK クラシカル 小澤征爾 ベルリン・フィル「悲愴」2008年ベルリン公演』
（NHK エンタープライズ）

ん。一方、ＢＤ－ＲＯＭのリニアＰＣＭは完全に非圧縮ですから、先ほど紹介した小澤征爾氏の『悲愴』のように、96キロヘルツ／24ビットという非常に広大なデジタルエリアを完全にノンダメージで使用できます。この「ＢＤオーディオ」は、いまレコード会社がトライしているところです。

◎作法五十八　――デジタルインターフェースを理解する

最後に、サラウンドの「デジタルインターフェース」について述べます。いくつかの種類があります。

ＣＤプレーヤーの時代から使われているのが同軸ケーブル。これはＳＰＤＩＦ（ソニー・フィリップス・デジタル・インターフェース）規格と呼ばれています。同じデジタル規格でも光ファイバーを使った光ケーブルもあります。その後出てきた「IEEE1394端子」通称「i．ＬＩＮＫ（アイ・リンク）」はマルチチャンネルがデジタルで送れます。

最近の主流になっているのがＨＤＭＩです。ＣＤ時代には伝送するのは音声信号だけでしたが、ＤＶＤ時代に入り、近年では、映像と音声を同時に送るということが、デジタルインターフェースの条件になっています。特にハイビジョン時代になってくると著作権保護の要素が入ってくるため、コピープロテクション用の信号機能がインターフェースの前後に必要になってきました。

これら「ｉ．ＬＩＮＫ」「ＨＤＭＩ」「同軸」の中で音質が一番いいのは、実は同軸ケーブルです。ただし、２チャンネルしか送れないのがネックです。最近ではＨＤＭＩが主流になっていますが、残念ながらいまひとつ音が良くないのがネックです。

ただし、ＨＤＭＩが出てきた一昨年頃と比べると、音はとても向上してきました。「ＨＤＭＩは音が悪い」とあまりにいわれたため、メーカー側も対応したからです。デジタルの時間軸がＨＤＭＩの中を通ることによって揺らいでしまうので、時間軸対策をとったり、ＨＤＭＩのケーブル自身の材質によってもだいぶ音が違うということが分かってきたので、その材質を吟味するなど。ＨＤＭＩはちょうど成長途上ということですね。

いま2チャンネルだけで考えるならば、同軸がいいわけです。2チャンネルの場合、CDプレーヤーから（2チャンネルとして）アナログで出す系統と、同軸ケーブルを使ってデジタルで出す系統があります。

CDプレーヤーから2チャンネルアンプへは、アナログでダイレクトに入れると前述しました。もう少し試してみるならば、AVアンプ内蔵のD／Aコンバータの性能によってはデジタルでAVアンプに入れて、AVアンプでデコードした2チャンネルのアナログ信号を入れる場合もあるわけです。比べてみて、どちらがいいか選べばいいですね。

いずれにせよ、この問題に関してはまだ発展途上ですので、従来からあるアナログインターフェースや同軸インターフェースの活用も視野に入れながら、最終的には自らの耳で最良の組み合わせを選んでいくのがいいと思います。

Column ⑥

音楽的な「5.1chサラウンドシステム」

本章では、マルチチャンネルのシステムを組む方法として「まずは左右2チャンネルのスピーカーに投資し、それを基準に残りのスピーカーを追加する」という発想を紹介しました。もちろん、最初からワンセットで販売されている「5.1ch サラウンドシステム」を導入することも可能です。

有名なところでは、BOSE（ボーズ）のシステム。これは「サテライトスピーカー」と呼ばれる小型スピーカー５本と「センタースピーカー」をメインに使い、それでカバーできない低音域はすべて「ベースモジュール」という専用スピーカーから出すという発想。体感的で柄の大きい、いわばアメリカンスタイルの音色が楽しめます。個人的な好みが分かれるところはありますが、映画ソフトの再生には非常に効果を発揮します。

音楽鑑賞用として私が個人的によく薦めているの、イギリスのKEF（ケフ）というメーカーの『KHT 3500G』というシステム。音自身の剛性感が非常に高い。微小な信号もしっかり再生できるので、映画再生だけでなく、マルチチャンネルの音楽再生でも素晴らしい音質を生み出してくれます。つまり、映画も音楽もこれ１式でOKという、使いがいのあるシステムです。

第七章　ディスクの作法

◎作法五十九　――ＣＤもレコードのように丁重に扱う

レコードの時代からＣＤの時代に移り変わったころ、ディスクの扱いが非常に楽になったことがよく語られました。レコードの時代のオーディオファンたちは、まずジャケットからレコードをゆっくり取り出し、クリーナーで盤面の埃を丁寧に拭き取ってから、おもむろにターンテーブル上に載せていました。レコードの表面を触って指紋を付けるなどは論外で、貴重品を扱うような手つきで、何やら儀式めいたことを毎回行っていたわけです。

ＣＤの時代になって、一般の音楽愛好家はそういうストレスから解放されました。ツルツルしたポリカーボネート樹脂を基板に持つＣＤは当初、「多少手で触ろうが、傷や汚れが付こうが、音質に大きな影響はない、まさに究極のディスクが誕生」などと当初、喧伝されたわけですが、実際には、まったくそんなことはありません。

CDプレーヤーは、ピックアップ内部の光源から照射したレーザーの反射光から「0」「1」のデジタル信号を読み取りますが、CDが普及するにつれ、開発当初予想されていた以上に、読み取り時の反射光の状態が音質を左右することが明らかになってきたのです。

つまり、CDも表面の埃や指紋が音質を大きく左右するということ。これは考えてみれば当たり前のことです。表面が汚れるとレーザーの読み取り精度が落ち、それだけエラーが生じやすくなります。そうすると第三章でも述べたようにエラー訂正やデータ補間の必要が生じます。

また、ハードへの負担も増します。さまざまなサーボ（補正）機能を働かせてディスクをコントロールし、無理にでも読み取り精度を上げようとするために電流が費やされ、音質劣化の原因になります。もちろん記録面の傷や汚れがひどいと、音飛びの原因にもなります。

CDも、基本的にはアナログレコードと同じように、ジェントルかつ丁寧に扱ってあげる必要があるのです。基本的な作法としてまず大事なことは、記録面には直接触れないようにすること。ディスクを持つときには外周、あるいは真ん中のホールに指をかけるようにします。指紋や汚れが付かないよう丁寧に扱う作法は、レコードの時代と同じですね。

たまにCDをケースから出したままの状態で放置している人を見かけますが、これはディスクにダメージを与える原因になります。聴き終わったディスクは、すぐケースに収納する習慣をつけてください。また、意外に多いのは、記録面を下にした状態で机の上などに無雑作に置いてしまうこと。無意識にとりがちな行動ですが、こうすると机と記録面との摩擦により、細かい傷が付く原因になります。どうしても置かなければいけない場合は、せめて記録面を上にしましょう。

またプラスチックケースではなく、もっと手軽でかさばらないスリーブ状のケースもよく使われていますね。一見柔らかそうですが、あの種のソフトケースも出し入れ時に表面に微小な傷を付けることが多いので、要注意です。また、カーオーディオのような苛酷な環境で聴く場合は、最初にCD‐Rに焼き、自宅オーディオ用と分けるといいでしょう。

◎作法六十　——CDはハンドソープなどを泡立てて水洗いする

ディスクの手入れには、いくつかの方法があります。**表面の埃ならば、柔らかい布でさっと拭き取ってやるだけでいいのですが、指紋がベッタリと付いていたりする場合には、それだけでは対処できません。ハンドソープを泡立てるなどして、1度、水洗いしましょう。**

私もCDを買ってきたら、まず水洗いしてから再生するようにしています。ディスクが製造される過程では、さまざまな洗浄剤や添加物などが使われていますが、油脂系のものが、ごく微量ですが表面に残っていることが多いんですね。いわばコーティングの上にさらにコーティングを重ねているような状態で、そのままだと読み取り精度に影響するので、購入後にはまずその膜を水洗いして取り除くわけです。

実際、するとしないとでは大違いです。どこかチリチリして刺激的だった音も、水洗い後には見晴らしが良くなってまろやかになり、確実に透明感が出てきます。簡単な方法なので、ぜひ「使用前／使用後」で聴き比べてみてください。刺々しかった音が、すっきりするのが分かると思います。最初に1回洗えば表面の油脂は落ちるので、後はひどい汚れが付かない限り、そのままで構いません。

すでに付いてしまった傷については、CDの表面を磨いて滑らかにするという方法もあります。「ディスクリペアキット」という市販の製品もあります。家電量販店などに行くと数千円からいろんなタイプの製品が手に入ります。少し深めの傷については、CDリペアをしてくれるショップもあります。

ただ、CDを物理的に削ってしまうということに心理的抵抗を感じる人は意外に多いかもしれませんね。1度削ってしまうと元に戻りませんし、コーティングが薄くなると耐久性も弱くなります。やはりCDは、メディアとして最高のコンディションを保ったうえで、なおかつ音を良くする工夫をしていくのが本道でしょう。

余談になりますが、CDの音質向上テクニックとして、80年代後半に「中心や側面の透明な部分を緑色に塗る」という手法が流行ったことがあります。最近はあまり見なくなりましたが、一時期はオーディオアクセサリーとして専用のフェルトペンが売り出されたりして、けっこうな需要があったものです。

実はこれ、レーザー光の乱反射を抑える効果があるんですね。CDで使われているのは780ナノミリ波長の赤外レーザーですが、これがディスクのポリカーボネートを透過する際にいろんな方向に飛び散って、読み取り精度を落としてしまう。プレーヤー内で予想外の反射を繰り返した光が、透明部分から再度ディスク内に入り、ゴースト化するのです。それを抑えるために、赤の補色である緑色を塗ることで不要な光を吸収してしまおうという発想です。最近ではソニー・ミュージックが、緑のレーベル印刷にして、高音質化に挑んだディスクを発売しています。

緑の着色は試してみると、それなりの効果がありました。第三章で述べた「CD2度がけ法」と似ていて、どこか硬かった音がほぐれ、全体的に音がまろやかになります。また記録面に細かい傷が付いてしまった場合も、透明部分を緑色に塗ることで読み取り率を上げられる可能性があります。

難をいうと、これも記録面の研磨と同じく不可逆な手法だということ。一定の効果は認められますが、それが自分にとって本当に快適な変化かどうかは、やってみなければ分かりません。もし試した後に「ちょっと違うな」と感じても、1度塗ってしまったディスクは元に戻せません。この手法がだんだん下火になっていったのには、そういう理由もあったのでしょう。

◎作法六十一――知っておくべきメディアの新展開「ＸＲＣＤ」

このところ、ちょっとばかり「時代遅れのメディア」のようなイメージがついてしまっているＣＤですが、こと「いい音を手軽に楽しむ」という点においては、まだまだオーディオファンにとっては主力のメディアです。ネット配信による圧縮音源では決して得ることのできない音楽的感動が、そこには詰まっています。さらに注目すべきは、ＣＤというメディアが着実に進化し続けているということです。

そもそもオーディオの楽しみには、機器の組み合わせによって自分好みの音を作っていくことに加えて、メディア自体を愛でるという側面もあります。最近ではテクノロジーの進歩に伴って、ＣＤ自体のポテンシャルもどんどん上がってきています。その再生力の進化を感じ取ること自体、オーディオファンにとっては興味深いテーマになります。

お気に入りのライブ盤がリマスターにより再発された際に、以前の盤では聞こえてこなかった音や音場の広がりを再発見できると、何とも嬉しくなります。従来のCDと最新技術を駆使したCDをいわば「使用前／使用後」の感覚で聴き比べてみると、いろんなことが見えてくるものです。

このようなメディアの新展開として、紹介したいのが「XRCD」です。日本ビクターの音楽メディア部門が独自に展開しているこの高音質CDについては、第四章でも少し触れました。田口晃氏というビクターの音響技術者（当時）が発案したもので、フォーマット自体はCDとまったく同じ。ただし、**マスタリングなどの制作プロセスに徹底的にこだわって素晴らしい効果を引き出している。マスタリングという作業がいかにパッケージ・メディアの本質――音楽の感動をそのまま封じ込めることに深く関わっているかが、「XRCD」タイトルを聴くとよく分かります。**

通常、CD制作では、スタジオやライブ会場でミキシングされた音源がマスター音源となり、さらにマスタリングという工程を経て最終的なリリースマスターが作られます。まったく同じ音源でも、マスタリングの違いによって音はまるで変わってくる。近年、デジタルリマスター盤などといって最新技術で旧作をマスタリングし直した復刻タイトルが人気を集めていますが、実際、音の印象がガラッと変わって、新しい発見があることが多いですね。

そのマスタリング工程を磨き上げて、徹底的に音楽志向にしたのが、「ＸＲＣＤ」の作品群です。先にも述べましたが、最高の電源を用いるため、あえて工場が操業していない深夜や休日を狙って作業をする。もちろん機材面でも、世界最高水準のものを導入する。マスタリングでは各トラックにおけるボリューム調整がきわめて重要なので、その部分は既存パーツを用いず、最高のボリュームメーカーに最高のパーツを特注したそうです。さらに、周波数特性をあるコンセプトの下に作り上げるイコライジングの作業については、イコライザーを自作する。それらをつなぐケーブルにも世界最高の製品を用いる——と、このように最高の環境を作ったうえで、素晴らしい耳を持つ熟練エンジニアが、その演奏の持っている音楽的な意味合いをマスターテープから引き出すべく作業をしているわけです。これは同じCDでも、まったく価値が違ってきます。

私が、リファレンスCDとして愛聴している『ベートーヴェン：交響曲第3番 英雄／シャルル・ミュンシュ、ボストン交響楽団』も、やはりXRCDのタイトルです。これはもともと名演として知られるCDで、私もリマスターされるごとに何枚も買い換えましたが、XRCD盤を聴いたときは驚きました。シャルル・ミュンシュというフランスの指揮者が持つセンスとエスプリ、情感、音楽のエネルギー感などがこれほどストレートに伝わってきたことは、従来のCDではなかったからです。

オーディオ機器を評価する際、私は必ずこのCDで試聴することにしています。このディスクに封じ込められた音楽的情報――もっというならば、演奏家やベートーヴェンの魂の震えみたいなものがプレーヤー、アンプ、スピーカーを通じて、的確に伝わってくるかどうか。それが私にとっては、オーディオ評価のひとつの基準になっています。面白いことに、通常盤CDではピンとこない微妙な差異も、XRCD盤で聴くと感じ取れます。それだけ音楽の本質が引き出されているのだと思います。

圧倒的に違うのは、音楽的なディテール感と力強さです。ＸＲＣＤ盤で聴くと、薄いヴェールが２、３枚一気に取れたような爽快感があります。重なり合って見えにくくなっていた音の細部がグッと浮き上がってくる感覚があり、それでいて音楽全体としての勢い、まとまり感は失われない。音にしっかりとした背骨、核のようなものが感じられ、低音の安定感も増して、大地に根を張ったような力強さが出てきます。しかも繊細なニュアンス感もしっかり伝わってくる。それはときに、自分は今までＣＤというメディアの何を聴いてきたんだろうと、考え込んでしまいたくなるほどです。

最初のＣＤメディアは１９８２年に発売されましたが、おそらく最初の約10年間は、制作側もこの新しいメディアを使いこなすので精いっぱいだった。それが90年代に入ると技術水準が上がりノウ・ハウも蓄積されて、音のレベルがグッと上がりました。ＸＲＣＤは、その流れを独自に推し進めることで生まれたものといえるでしょう。このようにひとつひとつの音に注意し、音楽に敬意を持ってマスタリングされたＣＤを聴くと、「本当にここまでの情報が入っていたのか」とびっくりするような、新鮮な音楽的感動を得ることができると思います。

◎作法六十二　――知っておくべきメディアの新展開「SHM‐CD」『HQ‐CD』

　CDメディアの新展開として、最近音楽ファンの間で大きな話題になっているのが、ユニバーサル ミュージックと日本ビクターが共同開発した「SHM‐CD」です。これはSuper High Material CD（スーパー・ハイ・マテリアルCD）の略で、ディスクの素材として、従来とは別種のポリカーボネート樹脂（液晶パネル用）を使っているところが新しい。規格自体はCDなので今までのプレーヤーで再生できますが、透明性がアップしたことでよりマスター音源のクオリティに近づいたといいます。

　ポリカーボネート基盤の透明性が上がれば、光の歪みは少なくなり、乱反射を抑えることができます。同時に、ポリカーボネート基盤上にピットを成形する「スタンパー」と呼ばれるハンコ状の金型の精度も高め、工場に専用ラインを敷いて、生産面でもより品質が優先されている。市場の反応、売れ行きも好調ということです。

　よくいわれる変化としては、サウンドの分離が良くなって音の見晴らしが良くなること、低音域の量感が引き出されてスケール感が増すことなどがありますが、**私個人**

の印象としては「柔らかさとアタック感」と相反する要素が、同時に粒立ってくる。

これは従来のＣＤでは得られなかった特徴です。

マウリツィオ・ポリーニというイタリアの優れたピアニストが弾いた『ペトルーシュカからの三章』というＳＨＭ‐ＣＤを聴くとよく分かります。これはロシアの作曲家・ストラヴィンスキーのバレエ曲を、ピアノ用に編曲したもの。静寂と激しさが同居する舞台の魅力をピアノ１台で表現するには非常に難しく、従来のＣＤでは正直、いまひとつ魅力が伝わりにくかった。それがＳＨＭ‐ＣＤ盤ではピアノ演奏のアタック感や音の立ち上がりなどがグッと良くなり、同時にしなやかで温かい音色の魅力も引き出され、ストラヴィンスキーが書いた楽曲の魅力、ポリーニという演奏者の優れた技法がよりビビッドに見えるようになっています。

この「柔らかいが鋭い、鋭いが柔らかい」という二律背反要素は、実はあらゆる優れたライブ演奏の特徴といっていい。メディアを介すと消えてしまいがちなそういう微妙な質感に、より近づいてきた印象ですね。

クラシック以外にも、ＳＨＭ‐ＣＤはジャズ、ロック、ポップスから歌謡曲まで幅広いジャンルでリリースされています。面白いのは各ジャンルごとに、同じスタンパーからプレスされた「SHM－CD／通常CDによる2枚組サンプラー」が安く販売されていることです。これを使えば、同じマスター音源の聞こえ方が素材によってどこまで変わるか、手軽にテストしてみることができます。

CDの素材の違いが音質に影響することは以前から広く知られており、90年代以降、いくつ商品化の試みもありました。ただ、どれも市民権を得るには至りませんでした。その意味で、同じ再生環境で聴き比べの楽しみを増やしてくれたSHM－CDの功績は、なかなかのものだと思います。

ユニバーサル ミュージックがビクターの技術力を借りて実現しましたが、ここまでの効果が得られるとなると、今後はさらに多くのレコード会社も参加してくるはず。すでにメモリーテックというディスク製造会社が、EMIと提携してHQ（ハイクオリティ）CDという、新素材CDを開発し、独自の高音質を提案しています。面白いのは、同じような新種のポリカーボネートを使っていても、音の傾向がSHM－CDとは異なることです。アナログ的な芯の強さが特徴のSHM－CDに比べ、HQCD

はデジタルらしくディテールがはっきりと描かれ、鮮明な音表現をキャラクターにしていると聴きました。新素材メディアのさらなる新展開に期待したいところです。

◎作法六十三　――知っておくべきメディアの新展開「ガラスCD」

ＣＤというメディアのいわば究極形として、最後に高品位ハードガラス製音楽ＣＤ(Extreme HARD GLASS CD)、通称「ガラスＣＤ」を紹介したいと思います。今までごく限られたタイトルが限定枚数で発売されただけで、しかも1枚10万~20万円という驚愕の高価格なので、実際手にして聴いてみるチャンスはほとんどないはずです。しかしオリジナルの演奏を忠実に再現し、音楽の本質に少しでも迫りたいという意志が圧倒的に凝縮されているという意味では、この本のスピリットとも共通するもの。末尾を飾るエピソードにはふさわしいと思います。

開発したのは高音質なクラシックＣＤを手がけることで有名なインディーズレーベ

ル「ｆｉｎｅ ＮＦ」を運営しているエヌ・アンド・エフ（Ｎ&Ｆ）という会社です。ガラスＣＤの特徴は文字どおり、基材がポリカーボネートではなくガラスだということ。高級カメラや望遠鏡のレンズ、高級メガネなどに使われる超精密光学強化ガラスを採用し、1枚ずつほぼ手作りに近い工程で作られています。

このガラスは、ポリカーボネートとは比べものにならないほど光の屈折が少ない。温度や湿度によるディスクの反りや面振れの偏移などもなく、ノイズの少ない、限りなくピュアな信号を取り出せます。また、重量がＣＤ規格上限の33グラムあるため、自重によってより滑らかな回転が得られるという効果もあります。価格が高いことを除けば本当にいいことずくめなんですね。

ガラスＣＤの生みの親である福井末憲さんは、Ｎ&Ｆを起業する前は日本フォノグラム（当時）というレコード会社で、クラシックの名門フィリップスレーベルの作品を録音してきたベテランエンジニア。全世界で５００万枚以上を売り上げた『アダージョ・カラヤン』というメガヒットアルバムを手がけたことでも有名ですが、実はこの『アダージョ・カラヤン』の大成功がガラスＣＤのアイデアを思い付いたきっかけだったといいます。

ＣＤが売れに売れて生産が追いつかなかった時期、福井さんは国内約２００の工場にプレスの依頼をしたそうです。レコード業界というのは面白くて、ライバルでも横のつながりがある。ヒット作が出て自社工場だけでは供給できなくなると、他社の工場にプレスを発注することがあるのです。

そうすると、マスター音源は同じでプレス工場が異なる『アダージョ・カラヤン』が約２００種類できることになります。試しに聴き比べてみると、ある工場でプレスしたものは高域が伸び、別の工場では低域に特徴があったりと、福井さんの耳には「これが同じＣＤだろうか？」と愕然とするほど違っていたといいます。実は工場によって音質に微妙なばらつきがあるという現象は、以前からプロの間では知られていました。それをまざまざと見せつけられた際、彼の胸には根本的な疑問が生じてきた。

プラスチック基材のＣＤでは、どれだけ音作りを追求しても製造工程によって音が変わってしまう。それならまず、まったく安定した物性と優れた光学特性をもった基材で究極のリファレンスＣＤを作り、それを基準に音を考えていかなければ、何も始まらない。これがガラスCDの端緒になったそうです。

ガラスCDの第1弾が発売されたのは2006年10月。ホルストの『木星』で始まりパブロ・カザルス編曲のカタロニア民謡『鳥の歌』で終わるN&F音源の名曲集ですが、圧倒的な高音質でオーディオ界の話題をさらいました。音の鮮度が違う、音の深みが違う。しなやかさ、レンジ感から解像度まで、もう何から何まで別次元の音なのです。

このガラスCDには比較のため通常CDも付いていました。もともと、超一流の録音技師である福井さんが高音質CDを作るために設立したレーベルですから、通常盤の音質も素晴らしい。それだけ聴いても、まったく問題はない。ところが聴き比べると、ここまで違うのかと愕然とするんですね。

福井さん本人に確認したところ、違うのはガラス基材を使っていることだけで、後はスタンパーなども含めて通常CDとまったく同じのこと。それでここまで音質が変わる大きな理由は、やはり基板内における光の屈折の違いだそうです。ガラスCDでは、ピックアップから照射されたレーザーがピットを読み取る際、乱反射が非常に少なく、ゴーストが発生しない。

面白いのは、通常のCDと比べてエラーの発生率などはほとんど変わらないといいます。つまり読み取りの精度ではなく、フォトディテクターに返ってきた読み取り信号の「質」そのものが違うことになる。それによって、圧倒的なまでの音質差が生じるわけです。

2007年12月にはガラスCD第2弾として、ヘルベルト・フォン・カラヤン指揮、ベルリン・フィルハーモニー管弦楽団による『ベートーヴェン：交響曲第九番』が発売されました。これはカラヤンの生誕100周年を記念したもので、オリジナルの音源はクラシックの老舗レーベル「ドイツ・グラモフォン」の宝ともいえる名演として知られています。このリリースにあたって福井さんは、ハンブルクのグラモフォン本社を直接訪れてマイケル・ラング社長にガラスCDを聴いてもらった。その音質に感動したラング氏が発売を許可したというエピソードがあります。

これも私のメディア人生において、数本の指に入るほど衝撃的でした。値段はさらに高くなって1枚20万円の限定発売。私も1枚持っていますが、まさに値段に値する

なんと 20 万円！『交響曲第九番 カラヤン＆ベルリン・フィル』（ガラス製ＣＤ＋通常 CD のセット）

音が体験できます。わが家では来客のあるとき、よくこのガラスＣＤの聴き比べをするのですが、皆さん大袈裟ではなく椅子からずり落ちるほどびっくりされます。ガラス素材は経年による劣化にも強い。人類の宝ともいうべき素晴らしい演奏が、このＣＤの中に封印されているのかと思うと、ある種の感動を覚えます。

もうひとつ印象的なエピソードがあります。ガラスＣＤ盤『第九』の試聴会を開いたとき、来場者に「指揮者としてのカラヤンはあまり好きになれない」というクラシックファンがいたそうです。要するに「キザでカッコばかりつけてるけど、音楽的には浅いんじゃないか」というわけですね。ところがガラスCDの音を聴いて、この方は長年カラヤンに対して抱いていた偏見が180度変わったといいます。音楽に対していかに真摯に取り組んでいるかが伝わってきて、その場で20万円のCDを購入しようと決めたそうです。私はこの話を思い出すたびに、メディアにはそこまで人を感動させ、人生を変える力があるんだと再確認できた気がして、何となく嬉しくなります。

本書の冒頭で、オーディオの本質は「音楽が生まれた瞬間の感動を追体験すること」と述べました。その意味でガラスCDは、現時点で存在しているメディアが実現した最高の音質だといっていい。

そこまでのポテンシャルを持ったメディアであってこそ、本当の意味で21世紀の音楽メディアだといえるのかもしれません。福井さんはいろんなレコード会社に、それぞれが持っている「最高のコンテンツ」をぜひガラスCDで出してほしいと呼びかけています。グラモフォンの『第九』に相当する名演がガラスCD化されれば、それはビジネスの枠を超えて、「再生音楽文化」というものに対する計り知れない貢献となるはずです。

おわりに

　オーディオの力を借りれば、感動をもっと掘り下げられるんじゃないかと漠然と憧れていた音楽ファン。生活に余裕もできて、かつて聴いていた音楽にもう1度向かい合ってみようと考えている大人たち。あるいは、好きなCDは何十枚、何百枚もあるけれど、音質についてはいままであまり意識してなかったという若い世代——本書を執筆するに当たり、頭の片隅には、常にそんな読者のイメージがありました。

　話の内容はハード中心ですが、テーマは音楽愛であり、メディア愛、コンテンツ愛です。オーディオというのは面白いもので、ちょっとセッティングを変えたり、機材を交換したりするだけで、音がまるっきり変わってしまいます。自分が愛好し、ずっと付き合ってきて何もかも知り尽くしているつもりだった作曲家なり演奏家が、予想もしなかった表情を見せてくれたりもします。

かくいう私も、そんな驚きに導かれて、今日までオーディオの世界と付き合ってきました。マニアックな知識に通暁しなくても、ほんの少し「作法」を会得するだけで好きな作品やミュージシャンをより深く理解できるはず――そんなメッセージを込めつつ、七章にわたって知識とテクニックを紹介しました。

音楽配信と携帯プレーヤーに親しんだリスナーにしてみれば、本書は七面倒でもったいぶった内容に思えるかもしれません。ですが、人間同士の付き合いにもちょっとした煩わしさが伴うように、いい音楽と真摯に向き合おうと思ったら、ある程度の手間とコストは必要になります。

携帯プレーヤーなどに用いられる「圧縮音声ファイル」は、たしかに利便性の面ではメリットがたくさんあります。しかし、音楽の本質的な魅力である響きの美しさ、空気感などを伝えるには、残念ながらまったく向いていません。

一方で、何の変哲もないCDの中には、驚くほど豊かで奥深い世界がそのまま入っていることもあります。人生の至福ともいいたくなるそんな素晴らしい演奏の魅力は、しかし、手軽なプレーヤーやシステムコンポではうまく引き出せません。本書の中でも繰り返し述べていますが、特にクラシックやジャズなどアコースティックな響きを大切にするジャンルでは、CDの中に刻まれた世界の数割も味わえないことがほとんどです。その数割しか味わえないなら、音楽愛好家としてはあまりにもったいないことですし、大げさにいえば、人類が積み上げてきた記録文化全体の後退にもつながる気がします。

エジソンの蓄音機に始まって、戦前のSPレコード、戦後のLPレコード、ステレオ録音、そしてCDの登場と、記録メディアは約100年かけて進化を重ねてきました。その歴史はそのまま「音楽の感動とリアリティをいかに再生するか」という夢の実現だったといえます。

技術の進歩によって、音楽をデジタル的に記述することはできるようになりましたが、感動は決して0と1で単純にデジタル化できない。デジタルメディアに封じ込められた音楽家の魂に触れるには、やはりアナログ的な努力は欠かせません。圧縮音声が全盛の昨今、デジタルオーディオをアナログ的感性で語る本を綴ったのには、そんなちょっとした使命感があったからです。

再生音楽は生の音楽の感動をリスニングルームに蘇生させることを目的とします。その道の修練には、さまざまなオーディオ的知識、本書でいうところの作法が必要ですが、もっとも根源は、まさに「生演奏」にあります。生を知らずに再生音楽は語れない。ぜひぜひ、生音楽を浴びるほど、耳にタコができるほど聴き込んでください。

これこそが、最高の「オーディオの作法」となるでしょう。

2008年10月

麻倉怜士

スピーカー（ペア）
KEF／ケフ　iQ30
69,300円

イギリスの国営放送局BBCの仕様モニターとして際立った高音質を実現し、一挙に人気が高まったのが1970年代。現在では、世界最高峰の定評を得るまでになっている。iQ30は、UniQという同軸スピーカーを搭載するiQシリーズのベースモデル。

輪郭がしっかりとしたタイトでスマートな音調を奏でてくれます。

KEF／ケフ　iQ30は、あらゆるソースをうまく鳴らすスピーカーとして、自信を持ってお勧めできます。特にマイナーモデルチェンジしてから、格段に音の解像度が増しました。

この組み合わせは、ナチュラルな質感で、音楽的な音を奏でます。周波数的なレンジが広く、引き締まった低域、艶っぽい中域、クリアに伸びる高域が特徴的で、特に低音の質感の良さが印象的です。

価格帯別 著者推薦のコンポーネント

30万円クラスの組み合わせ

合計 352,800 円

チューナー内蔵 CD・アンプ一体型レシーバー
Aura ／オーラ　note
283,500円

プリメインアンプとチューナー、CDプレーヤーを一体化した製品。レトロモダン・デザインだが、中身は先進的。サウンドの情報量は多いものの、決して押しつけがましくなく、艶や質感もリッチ。天面にガラスを配したデザインもいい。

シンプルながら、とびきりいい音の組み合わせです。核はプリメインアンプ・CDプレーヤーの Aura ／オーラ note。アンプとCDプレーヤー、それに FM/AM チューナーを合体させた小さな筐体のユニットです。

ガラスの扉をスライドさせて開け、ディスクを置き、スタビライザーを被せるという行為は、なにか、アナログレコードをターンテーブルに載せ、トーンアームの針を下ろすことを彷彿させます。単にデザインがいいだけではなく、

スピーカー（ペア）
Victor／ビクター　SX-M3
199,500円

型番の「M」とはミュージックであり、モニターでもある。マグネシウムを振動板素材に採用し、低音から高音まで統一された音色を得られる。音像が正確に再現されることもメリット。

この組み合わせの白眉は、プリメインアンプのLUXMAN／ラックスマン　L-505u。この価格帯では国産・外国産を問わず、抜群の音を聴かせてくれます。メーカーはこのアンプの音を「暖かみと浸透力のあるラックスマン・サウンド」と述べていますが、まさに言い得て妙です。

CD／SACDプレーヤーは、定評のあるDENON／デノン　DCD-1500AE。安心して耳を委ねられる信頼感があります。

スピーカーは、Victor／ビクター　SX-M3。情報量志向で、ソースに含まれる音楽情報を事細かな部分まで漏らさず、しっかりと再現するため、これまでのモデルでは紙だったユニットの振動板素材をマグネシウムに替えました。ピュアな響きの再現に大いに効いています。

この組み合わせは、スピーカーのモニター的な鳴り方ゆえ、クラシックからジャズまで音楽ソースを選ばず、音楽の本領を発揮させる力を持っています。

50万円クラスの組み合わせ

合計 509,250 円

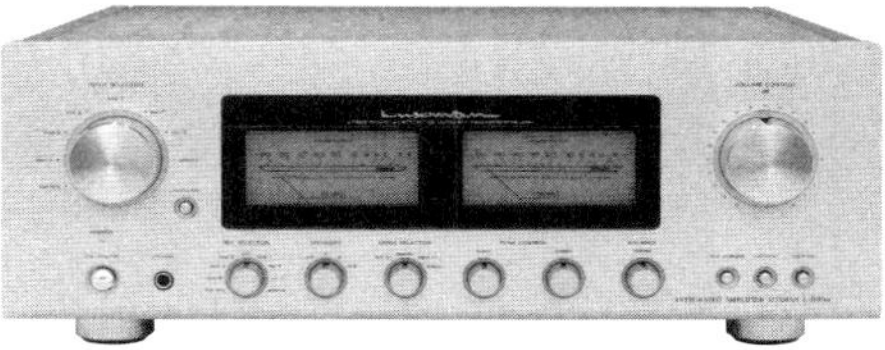

プリメインアンプ
LUXMAN／ラックスマン　L-505u
225,750円

ハイエンドを標榜するラックスマン製品の中では比較的安価だが、同社がこれまで培ってきた音楽的再生のノウ・ハウを結集させた、入門用の戦略的モデル。

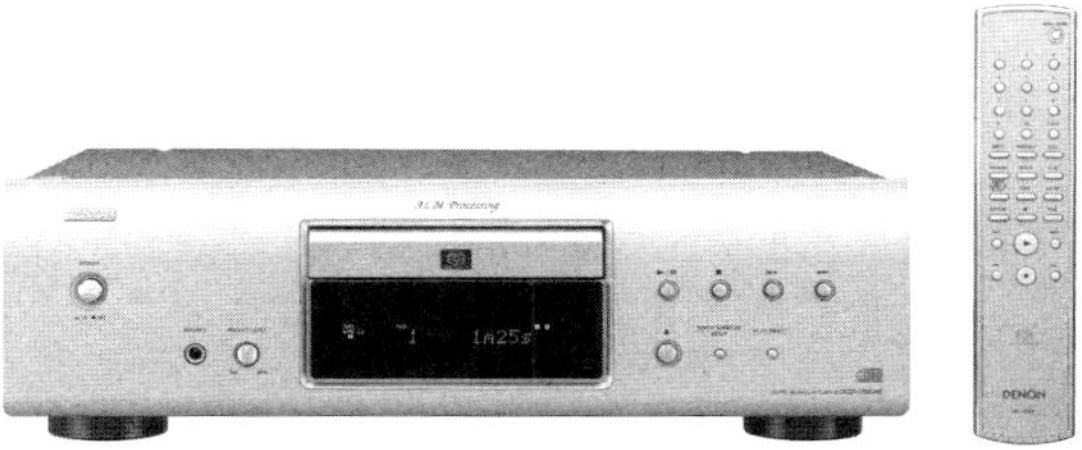

CDプレーヤー
DENON／デノン　DCD-1500AE
84,000円

ラインアップ豊富なデノンのCDプレーヤー群においては普及機に当たる。上級機の開発で得た各種の高音質化のテクノロジーを多数投入、しっかりとした力感を感じさせる。

スピーカー（ペア）
KEF／ケフ　XQ40
485,100円

高域特性が大幅に改善されたKEFの中核技術、軸ユニットUni-Q。より剛性がなり、レスポンスが俊敏になって、音楽を堪能するためのボキャブラリーが豊富に。

プリメインアンプのAccuphase／アキュフェーズE-350は、わが国を代表するハイエンドアンプメーカーである同社の製品の中では普及価格帯のものですが、アキュフェーズならではの鮮明でしなやかな本格の音を色濃く感じることができます。

CD/SACDプレーヤーは、ESOTERIC／エソテリックSA-10。世界的に知られる同ハイエンドブランドの創立20周年記念モデルとして開発されたプレーヤーで、これまで培ってきた高音質技術のエッセンスを、シンプルで上品なボディに詰め込んでいます。

スピーカーは、KEF／ケフ　XQ40。ハイスピードで情報量もきわめてリッチ、雄大なスケールで音楽を描きます。音のエッジが明確で、細かな部分までコントラストの抑揚が効き、品質感が高いのが特徴です。

アキュフェーズ、エソテリック、ケフという日英のハイエンドが手を握った、この組み合わせからは、必ずや音楽の深い感動を得られることでしょう。

100万円クラスの組み合わせ

合計 1,188,600 円

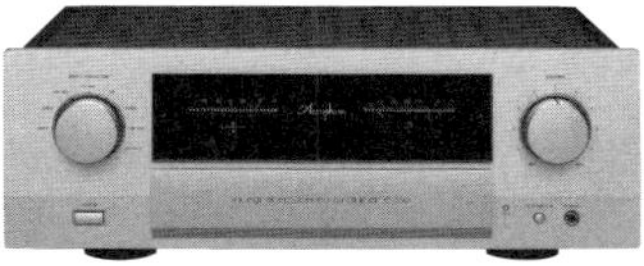

プリメインアンプ
Accuphase／アキュフェーズ　E-350
367,500円

自他共に許す高級アンプの専門メーカー、アキュフェーズの製品は、どれも品質と音質に対する熱きこだわりが感じられ、オーセンティックなデザインには見る喜びがある。

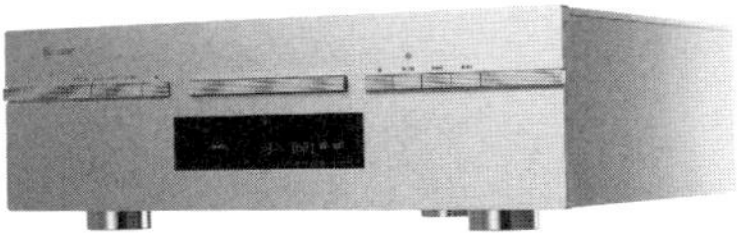

CD プレーヤー
ESOTERIC／エソテリック　SA-10
336,000円

エソテリック・ブランド生誕20周年を記念するアニバーサリーモデル。アンプ、スピーカーと共に合計100万円の「ハイエンドシスコン」の1アイテムとして企画されたもの。

ハイエンドであるかどうかは、機器に触ったときの感触で分かります。つまみの切り替えのとき、指先に感じる確かな、そしてスムーズな抵抗。ボリュームを回したとき、音楽がそれに追随して大きくなったり小さくなったりするリニアな感覚——そんな職人魂が音楽ファンの心を揺さぶるのです。

著者略歴
麻倉怜士（あさくら・れいじ）
1950年生まれ。横浜市立大学卒業後、日本経済新聞社などを経て、オーディオ・ビジュアル評論家として独立。新聞、雑誌、インターネットなどで多くの連載を持つほか、テレビ出演も多数。著書に『やっぱり楽しいオーディオ生活』（アスキー新書）、『松下電器のBlu-ray Disc大戦略』（日経BP社）など。日本画質学会副会長。津田塾大学講師（音楽学）。

ソフトバンク新書　090

オーディオの作法《さほう》

2008年11月28日　初版第1刷発行

著　者：麻倉怜士《あさくられいじ》

発行者：新田光敏
発行所：ソフトバンク クリエイティブ株式会社
〒107-0052　東京都港区赤坂 4-13-13
電話：03-5549-1201（営業部）

編集協力：大谷隆之
写　真：相川大助
イラスト：牧野良幸
装　幀：松 昭教
組　版：アーティザンカンパニー株式会社
印刷・製本：図書印刷株式会社

ISBN 978-4-7973-4841-5

ソフトバンク新書

027
なぜ勉強するのか？
鈴木光司
「なぜ勉強するの？」と子どもから訊かれて、あなたはどう答えるだろうか。2人の子どもを育て上げたベストセラー作家が、あなたの「なぜ？」を筆頭両断！

030
人生、勝負は40歳から！
清水克彦
40代の挑戦が後半の人生を約束する！ が、苦労は必要ない。人間関係や時間の使い方など、ちょっとした軌道修正で勝ち組に変わるコツと行動術。弘兼憲史氏推薦。

017
格差社会の結末
――富裕層の傲慢・貧困層の怠慢
中野雅至
格差社会は、政策が生み出した人工的なものか、それともグローバリズムに身を任せた自然な結果か。格差社会の原因と結末を異色の元キャリア官僚が徹底分析！

042
格差社会の世渡り
――努力が報われる人、報われない人
中野雅至
いま広がる格差社会では、ひたむきな努力よりもアピール力が重視される。この見せかけ社会が陥る罠を徹底解説し、自分の力で人生を勝ち抜く具体的方法を教える。

024
すべてがうまくいく8割行動術
米山公啓
神経内科医の著者が、仕事、家庭、人づきあいなど多方面に効果的で、人生を幸せに送るための「8割行動術」を脳科学の視点から説く、中途半端のススメ。

083
脳がどんどん若返る生活習慣
米山公啓
「新しいことをする」という意識を毎日の生活に取り入れるだけで、脳はみるみる冴えてくる。誰でも楽しみながら効果を得られる〝脳力革命〟の方法を指南する。